RADIUM

(RADIOAKTIVITÄT IONEN ELEKTRONEN)

GEMEINVERSTÄNDLICHE DARSTELLUNG

VON

DR. HEINRICH GREINACHER

AUS DEM REICHE DES RADIUMS — DIE ATOMZERFALLSTHEORIE UND IHRE EXPERIMENTELLEN STÜTZEN — ÜBER ELEKTRIZITAT UND MATERIE

NEUER ABDRUCK

LEIPZIG
VERLAG VON VEIT & COMP.
1907

RADIUM

(RADIOAKTIVITÄT IONEN ELEKTRONEN)

GEMEINVERSTÄNDLICHE DARSTELLUNG

VON

DR. HEINRICH GREINACHER

AUS DEM REICHE DES RADIUMS — DIE ATOMZERFALLSTHEORIE UND IHRE EXPERIMENTELLEN STÜTZEN — ÜBER ELEKTRIZITÄT UND MATERIE

NEUER ABDRUCK

LEIPZIG
VERLAG VON VEIT & COMP.
1907

Druck von Oscar Brandstetter in Leipzig.

Vorwort

Das vorliegende Büchlein bildet die gemeinsame Herausgabe dreier vor kurzem einzeln veröffentlichter Aufsätze. Der erste von diesen, betitelt: „Aus dem Reiche des Radiums", stellt eine Ausarbeitung eines im Feuilleton der „Neuen Zürcher Zeitung" erschienenen Aufsatzes dar. Es sind darin hauptsächlich die wichtigsten und interessantesten Tatsachen aus dem Gebiete der Radioaktivität zusammengestellt. Die theoretische Seite der radioaktiven Erscheinungen soll dann der zweite Aufsatz, der in der „Naturwissenschaftlichen Rundschau" (Nr. 36, 1906) abgedruckt ist, etwas näher beleuchten. Es kommen hierin insbesondere die Tatsachen, die als experimentelle Stützen für die Atomzerfallstheorie von Bedeutung sind, zur Sprache. Der dritte Aufsatz endlich soll eine kurze Darstellung der modernen Anschauungen über Elektrizität und Materie geben. Er ist in der „Naturwissenschaftlichen Wochenschrift" (Nr. 42, 1906) veröffentlicht.

Ich habe mich bemüht, den jeweils behandelten Stoff möglichst gemeinverständlich darzustellen. Mit Rücksicht darauf ist auch von irgend welchen mathematischen Ausführungen Abstand genommen. Auch rein äußerlich dürfte sich die populäre Form des Büchleins durch den Fortfall besonderer Literaturangaben zu erkennen geben.

Es sei jedoch erwähnt, daß die neueste Literatur (bis Mitte 1907) berücksichtigt ist. Dementsprechend haben auch die Aufsätze, so kurze Zeit seit ihrer Veröffentlichung verflossen ist, noch einige Ergänzungen und Zusätze erfahren. Den kurzen Überblick, den das vorliegende Büchlein über das in rascher Entwicklung begriffene Gebiet der Radioaktivität geben soll, hoffe ich daher insofern vollständig gestaltet zu haben, als auch die neuesten Forschungsergebnisse bereits in die Darstellung hineinbezogen worden sind.

Zürich, Juli 1907.

Der Verfasser.

Aus dem Reiche des Radiums.

Mit Beschreibung von Demonstrationsversuchen.

1. Fluoreszenzerscheinungen.

Am bekanntesten sind wohl die Fluoreszenzerscheinungen, welche die Röntgenstrahlen hervorrufen. Nimmt man einen sog. Leuchtschirm, welcher zumeist aus einem mit Baryumplatincyanür bestrichenen Karton besteht und läßt Röntgenstrahlen auffallen, dann fluoresziert dieser in lebhaft grünem Lichte. Bringt man nun einen Gegenstand zwischen Leuchtschirm und Röntgenröhre, so wird derselbe, wie man sagt, durchleuchtet, und man erblickt auf dem Schirm sein Röntgenbild. Das Baryumplatincyanür wird nun außer durch Röntgenstrahlen auch durch die Kathodenstrahlen zum Leuchten gebracht. In gleicher Weise können ferner die den Kathoden- und Röntgenstrahlen analogen β- und γ-Strahlen des Radiums als Fluoreszenzerreger dienen. Nähert man ein Radiumpräparat (wenige Milligramme), das sich vielleicht in einem Glasröhrchen oder in einer mit Glimmer bedeckten Aushöhlung in Ebonit befindet, einem Leuchtschirm, so kann man ein im Dunkeln weithin sichtbares Fluoreszieren bemerken. Bei der erwähnten Anwendung hat man die Wirkung der vom Radium ausgehenden α-Strahlen gänzlich eliminiert, da diese durch das Glasröhrchen bzw. das Glimmerblatt zurückgehalten werden. Man hat somit durch das erwähnte Experiment gezeigt, daß die

β- und γ-Strahlen Fluoreszenz erregen. Die ersteren Strahlen sind abgeschleuderte, negativ geladene Teilchen, die mit ungeheurer Geschwindigkeit (bis Lichtgeschwindigkeit) durch den Raum fliegen. Die letzteren sind Wellenbewegungen, ähnlich wie das Licht, ja von diesem sehr wahrscheinlich nur in der Weise verschieden, daß die γ-Strahlen (Röntgenstrahlen) eine viel kleinere Wellenlänge besitzen. So wie die Röntgenstrahlen ihre Entstehung dem Anprall der Kathodenstrahlen an einen festen Körper (Glas, Platin) verdanken, ebenso wird man sich auch das Verhältnis von γ- und β-Strahlen zu denken haben. Die γ-Strahlen entstehen beim Anprall der β-Strahlen an die Radiumteilchen, bzw. der meist als Beimengung enthaltenen Baryumteilchen. Man hat dadurch das Selbstleuchten des Radiums (im Halbdunkel schon sichtbar!) zu erklären. Hat man dabei das Radiumbromid — in welcher Verbindung das Radium meist verwendet wird — in ein Glasröhrchen eingeschlossen, dann leuchtet nicht nur das Präparat, sondern das ganze Röhrchen erscheint in bläulichem Lichte. Diese Glasfluoreszenz rührt hauptsächlich von den β- und γ-Strahlen des Radiums her. Viel lebhafter jedoch ist die analoge Wirkung der Kathodenstrahlen, welche die Glaswand beim Auftreffen zu intensiver, grüner Fluoreszenz erregen. Enthält das Glas jedoch etwas Uran (Uranglas), dann ist auch die Leuchtwirkung durch das Radium sehr beträchtlich.

Außer Glas ließen sich übrigens noch eine Menge Substanzen aufzählen, welche durch die Radiumstrahlen zu mehr oder minder lebhafter Fluoreszenz bzw. Phosphoreszenz gebracht werden. Es seien hier nur die Salze des Urans genannt, dann namentlich auch der Diamant, der durch seine lebhafte Phosphoreszenz von Imitationen unterschieden werden kann.

Während nun alle diese Leuchterscheinungen als solche nicht verschieden sind von dem Phosphoreszieren (Nachleuchten) vieler Substanzen, z. B. der Balmainschen Leuchtfarbe nach vorausgegangener Belichtung, so geht die Fluoreszenz durch α-Strahlen wesentlich anders vor sich. Zu den

Versuchen kann Radium genommen werden, das unbedeckt ist (da die α-Strahlen sonst absorbiert würden) oder bequemer eine mit Polonium belegte Kupferplatte,[1] da diese hauptsächlich α-Strahlen und nur in sehr geringem Maße β-Strahlen von kleiner Geschwindigkeit aussendet. Des weiteren ist zur Demonstration ein sog. Sidotblendenschirm (kristallinisches Zinksulfid) geeigneter als Baryumplatincyanür, da ersteres unter den α-Strahlen lebhafter leuchtet. Nähert man die mit Polonium belegte Fläche dem Leuchtschirm, so kann man zunächst auch nichts anderes als ein gleichmäßiges Fluoreszieren desselben beobachten. Sieht man aber näher zu, am besten unter Benutzung einer Lupe, so wird man bemerken, daß die Fluoreszenz scintillierend ist, d. h. im Aufleuchten und Verschwinden von Lichtpunkten besteht. Es ist, als ob ungezählte Sterne aus dem Unendlichen auftauchen und ebenso schnell wieder verschwinden. Die Erscheinung der scintillierenden Fluoreszenz ist zuerst von Crookes entdeckt worden, und sind Apparate zur Beobachtung dieser Erscheinung sog. Spinthariskope bereits im Handel zu finden. Als Strahlenquelle dient hier ein Körnchen Radiumbromid.

Es ist begreiflich, daß bei der Entdeckung der scintillierenden Fluoreszenz die wissenschaftlichen Erklärungen gleich bei der Hand waren, wobei man auch, wie bei allen interessanten Entdeckungen der Phantasie etwas freien Lauf ließ. Man glaubte in den Lichtpünktchen nichts anderes als die Atome oder gar die Elektronen vor sich zu haben und verglich das ganze Bild mit unserm gestirnten Himmel, indem man dem Makrokosmos einen Ultramikrokosmos von wirklich denkbar kleinsten Einheiten gegenüberstellen zu können glaubte. Allein, angenommen, es wären wirklich die elektrisch geladenen Atome (Ionen), welche unsere Gesichtsempfindung hervorrufen, so werden wir aus diesen

[1] Es ist hier, wie in der Folge, das nach Marckwalds Verfahren abgeschiedene Polonium (Radiotellur) verstanden. Diese Präparate zeichnen sich u. a. durch ihre starke Aktivität vor den ursprünglichen Curieschen aus.

Entdeckungen doch kaum großen Nutzen ziehen können. Jedenfalls bekommen wir kein Bild von den Atomen, denn die letzteren werden uns, selbst unter den stärksten Vergrößerungen, stets nur als Punkte erscheinen. Und solange wir keinen flächenhaften Eindruck haben, können wir auch keine Einzelheiten erkennen. Diese Tatsachen sind im physiologischen Bau unseres Auges begründet, welches Gegenstände, die unter einem kleineren Gesichtswinkel als ungefähr 30″ erscheinen und überhaupt noch wahrnehmbar sind, stets nur als Punkte empfinden läßt. Es möge hier bloß auf die Fixsterne hingewiesen sein, welche selbst in den stärksten Fernröhren nur als Lichtpunkte erscheinen. Man kann also kaum erwarten, Näheres über die Beschaffenheit der Atome zu erfahren, und dürfte damit dann auch die oben berührte Frage, ob wir wirklich das Licht der Atome wahrnehmen, als von wesentlich praktischem Nutzen nicht erscheinen. Man ist vielmehr dazu gekommen, sich zu fragen, ob die Erscheinung des Scintillierens sich nicht anders erklären lasse, etwa durch winzige Blitze, die durch die Spaltung der kleinen Zinksulfidkristalle entstehen. In dieser Ansicht ist man dadurch bestärkt worden, daß die Sidotblendenschirme bei längerer Fluoreszenzerregung merkliche „Ermüdung“ zeigen, wie eine solche übrigens an den meisten fluoreszierenden Körpern (bekanntlich auch an Glas) beobachtet werden kann.

Um die Ermüdung zu demonstrieren, benutzt man meist ein luftleer gepumptes, längliches Glasgefäß, in welchem Kathodenstrahlen in der Längsrichtung erzeugt werden. Diese bringen das Ende der Glasröhre zu lebhafter Fluoreszenz. Wenn man dagegen z. B. ein Metallkreuz davorstellt, so absorbiert dies die auf dasselbe aufprallenden Kathodenstrahlen, so daß auf der Glaswand dahinter ein scharfer Schatten des Kreuzes entsteht. Entfernt man nun das an Scharnieren befestigte Metallkreuz durch Umkippen, so erscheint das Bild desselben jetzt hell auf dunklem Grund, indem die vorher unbestrahlten Glasteile, die keine Ermüdung erfahren hatten, heller leuchten, als ihre Umgebung.

Durch dieses Experiment wird zugleich dargetan, daß die Kathodenstrahlen sich geradlinig fortpflanzen. Dasselbe gilt verständlicherweise auch für die α- und β-Strahlen der radioaktiven Substanzen, da diese korpuskularer Natur sind und ein bewegtes Teilchen, wie die Mechanik lehrt, sich geradlinig bewegt, insofern auf dasselbe keine Kraft einwirkt. Daß auch die γ-Strahlen (und Röntgenstrahlen) bei ihrer qualitativen Identität mit den Lichtstrahlen sich geradlinig ausbreiten, scheint ohne weiteres plausibel. Die geradlinige Fortpflanzung der genannten Strahlen kann leicht dadurch demonstriert werden, daß man z. B. ein Geldstück zwischen ein Körnchen Radiumbromid und den Leuchtschirm bringt, oder indem man einen Metallschirm allmählich zwischenhineinschiebt. Man wird dann dessen Schattengrenze über den Leuchtschirm wandern sehen. Um schwarze Schatten zu erhalten, wird man gut tun, möglichst „undurchsichtiges" Metallblech (Blei) zu wählen.

Daß sich die Metalle in ihrer Absorptionsfähigkeit den Röntgen- und Becquerelstrahlen gegenüber sehr verschieden verhalten, ist durch die oft demonstrierten Versuche mit Röntgenstrahlen bereits genügend bekannt. Während das Aluminium die Strahlen selbst in Dicken von mehreren Millimetern noch gut durchgehen läßt, halten Bleiplatten von derselben Dicke die Strahlen beinahe vollständig ab. Im allgemeinen gilt der Satz, daß die Durchlässigkeit der Metalle in umgekehrtem Verhältnis zu ihrer Dichte steht. Man wird also in diesem Sinne das Aluminium und viele andere Stoffe als durchsichtig bezeichnen müssen, wenn sich diese Substanzen für das Licht auch durchaus nicht in diesem Sinne verhalten. Gerade in dieser merkwürdigen Erscheinung schien seinerzeit das Unerwartete und Wunderbare der Röntgenstrahlen zu liegen. Es kann aber nicht unerwähnt bleiben, daß man schon längst undurchsichtige Substanzen kannte, welche für gewisse „dunkle" Strahlen durchlässig waren. Als Beispiel seien hier die Wärmestrahlen genannt, welche durch Ebonit oder eine Lösung von Jod in Schwefelkohlenstoff hindurchgehen. Das Umgekehrte, daß durchsichtige Körper „dunkle“ Strahlen nicht durchgehen lassen, ist ebenso bekannt. So absorbiert das Glas z. B. kurzwelliges Licht (ultraviolett) und hält auch die Wärmestrahlen zurück. Man wird dies leicht dadurch feststellen können, daß man eine Glasscheibe vor einen Ofen stellt, wodurch dessen Wärmestrahlung zurückgehalten wird.

Alle diese Erscheinungen bieten aber in der Tat nichts prinzipiell Neues. Wärme-, Licht- und chemische Strahlen haben sich als wesensgleich ergeben und sind nur durch die Wellenlänge verschieden. Es ist infolgedessen die Erscheinung, daß Wärmestrahlen durch einen lichtdurchlässigen Körper gehen, ebenso leicht verständlich als die Tatsache, daß es blaue und rote Gläser gibt. Das Ungewohnte der Röntgen- und Becquerelstrahlen liegt nun darin, daß sie sich auch nicht im geringsten um die Durchsichtigkeit der Körper in gewöhnlichem Sinne zu kümmern scheinen, während die Wärme- und chemischen Strahlen doch immer noch vornehmlich durch Substanzen gehen, die zugleich auch lichtdurchlässig sind.

Etwas wesentlich Neues kann hier aber nur vorliegen, wenn die genannten Strahlen nicht zur Art der Lichtstrahlen gehören. Für die Röntgenstrahlen wird dies nun vielfach angenommen, gestützt auf die Bestimmung ihrer Fortpflanzungsgeschwindigkeit, welche sich gleich derjenigen des Lichts ergeben hat. Auch für die γ-Strahlen wird diese Annahme wahrscheinlich gemacht, so daß nur die α- und β-Strahlen als anders geartet angesehen werden müssen.

Von den genannten Strahlen haben nur die Röntgenstrahlen ausgedehntere, praktische Verwendung gefunden. Sie besitzen den Vorteil, daß sie in großen Intensitäten erzeugt werden können und ihr Durchdringungsvermögen durch Änderung ihrer „Härte“ reguliert werden kann. Es ist aber nicht zu verkennen, daß die vielfache Verwendbarkeit der Röntgenstrahlen nicht unwesentlich dadurch gefördert wurde, daß sie leicht durch Fluoreszenz und die photographische Platte nachzuweisen sind.

Um die Durchlässigkeit verschiedener Substanzen für die β- und γ-Strahlen zu untersuchen, wird man z. B. zwischen ein mit Glimmer bedecktes Radiumpräparat und den Baryumplatincyanürschirm verschiedene Metallplättchen (Dicke: mehrere Millimeter) nacheinander oder nebeneinander einschalten. Die Abhängigkeit der Absorption von der Dicke der Substanz wird entsprechend dadurch gezeigt, daß man Aluminiumplättchen von variabler Dicke (ein bis mehrere Millimeter) verwendet. Wenn man jedoch den Körper in Keilform dazwischen bringt, dann wird man den Einfluß der Dicke ohne weiteres an der entsprechenden Abstufung der Fluoreszenzhelligkeit wahrnehmen können.

Daß die genannten Strahlen in der Tat sehr durchdringend sind, hat bereits der Entdecker der Radioaktivität in unliebsamer Weise erfahren können. Becquerel hatte während einiger Stunden ein Glasröhrchen, welches einige Dezigramme eines Radiumsalzes enthielt, in der Westentasche getragen. Die Wirkung des Radiums durch das Glas und die Kleider hindurch war eine derartige, daß nach einiger Zeit eine Brandwunde entstand, die nur sehr langsam wieder heilte. Man wurde dadurch auf die schädliche Einwirkung der Becquerelstrahlen auf die Haut aufmerksam, ähnlich wie eine solche auch für die Röntgenstrahlen leider immer deutlicher erkannt worden ist. Man tut daher gut, beim Experimentieren mit Radium die nötige Vorsicht walten zu lassen und dieses beim Nichtgebrauch in eine mehrere Millimeter dicke Bleihülle einzuschließen. Um aber die guten Eigenschaften des Radiums nicht zu vergessen, sei erwähnt, daß dasselbe Aussicht auf wirksame Behandlung von Hautkrankheiten bietet. Die Erwartung jedoch, daß sich mittels des Radiums die Blindheit heilen lassen werde, ist unerfüllt geblieben. Man kann allerdings beim Heranbringen eines Radiumpräparates ans geschlossene Auge eine Lichtempfindung haben; diese rührt aber wahrscheinlich daher, daß der Glaskörper des Auges fluoresziert.

All diese physiologischen Einwirkungen sind namentlich den β- und γ-Strahlen zuzuschreiben. Die α-Strahlen können schon deswegen kaum in Betracht kommen, weil sie durch die dünnsten Schichten fast vollständig absorbiert werden.

Um die schwache Durchschlagskraft dieser Strahlen zu zeigen, bedecke man ein Poloniumpräparat mit einem dünnen Blatt Papier, und das Fluoreszieren der Sidotblende hört vollständig auf. Aus dem gleichen Grunde leuchtet diese nicht, wenn das Präparat dem Schirm von der nicht belegten Kartonseite genähert wird, während dies bei Verwendung von Radium sehr wohl der Fall ist.

Interessant ist die Tatsache, daß nicht nur die neuen radioaktiven Substanzen, sondern auch das schon seit 1789 bekannte Metall Uran in gewissen Verbindungen fluoresziert. Da das Leuchten aber sehr schwach ist, so wurde es erst 1904 durch Becquerel entdeckt. Betrachtet man eine mit Uranylkaliumsulfat oder mit käuflichem Urannitrat bedeckte Fläche mit ausgeruhtem Auge, dann wird man diese in äußerst schwachem Lichte schimmern sehen; am besten von der Seite, da sich dann die von der gesamten Fläche ausgehenden Strahlen auf einem kleineren Netzhautbildchen vereinigen, wodurch der Lichteindruck stärker wird. Was diese schwache Lumineszenz z. B. vor dem Phosphoreszieren der Balmainschen Leuchtfarben auszeichnet, das ist ihr dauernder Bestand, während letztere durch stets neue Belichtung wieder zum Phosphoreszieren gebracht werden müssen. Man wäre aber kaum, auch wenn das dauernde Selbstleuchten des Urans erkannt worden wäre, zur Kenntnis der Radioaktivität gelangt. Denn man hätte die Erscheinung wohl eher durch ein sehr langes Nachleuchten zu erklären versucht, als daß man etwas Neues und Unerwartetes angenommen hätte. Da kam die Entdeckung der Uranstrahlen mittels der photographischen Platte!

2. Chemische Wirkungen.

Das Experiment, wodurch Henri Becquerel zur Kenntnis der Uranstrahlen kam, kann ohne großen Aufwand wiederholt werden. Der große Forscher war damals mit der Frage beschäftigt, ob phosphoreszierende Körper Röntgenstrahlen aussenden. Um dies zu untersuchen, setzte er unter anderem Urankaliumsulfatkristalle dem Sonnenlicht aus und brachte sie sodann auf eine in schwarzes Papier gehüllte photographische Platte. Falls nun vom Uran Röntgenstrahlen ausgingen, mußten diese das Papier durchdringen und an den betreffenden Stellen die photographische Platte beeinflussen. In der Tat ergaben sich auch nach tagelanger Exposition Schwärzungen auf der photographischen Platte. Dasselbe wurde aber erreicht, wenn das Uran vorher gar nicht belichtet gewesen war. Es mußte somit das Uran selbst eine dauernde Quelle von noch unbekannten Strahlen sein. Damit begannen dann die epochemachenden Entdeckungen, welche durch die Auffindung des Poloniums und des Radiums außerordentlich beschleunigt wurden.

Letztere beiden Substanzen sind ungeheuer viel stärker aktiv als das Uran. Infolgedessen lassen sich mit ihnen auch die photographischen Einwirkungen der Becquerelstrahlen in viel kürzerer Zeit erkennen. Um dies zu zeigen, lege man eine mit Polonium belegte Kupferplatte, wie sie von den Farbwerken Dr. R. Sthamer (Hamburg) für 20 Mark bezogen werden kann, auf eine photographische Platte. Nach einer Minute wird man dann bereits eine kräftige Schwärzung nachweisen können. Man kann sogar deutlich mehr oder weniger radioaktive Stellen durch den Unterschied in der Schwärzung erkennen, d. h. man bekommt eine getreuliche Photographie. Es läßt sich daran ersehen, daß die photographische Bestimmung der Strahlungsintensität bedeutend genauer ausfällt als die mittels der Intensität der Fluoreszenz, wenn erstere auch eine sichere quantitative Bestimmung der Radioaktivität noch nicht zuläßt. Das Verfahren ist aber doch geeignet, uns noch Radioaktivitäten von so schwacher Intensität anzuzeigen, wie sie zur Erregung der Fluoreszenzschirme nicht mehr ausreichen würde.

Die Photographie hat in dieser Hinsicht hier, wie auch in anderen Zweigen der Physik, zum Fortschritt geführt. Die photographische Platte hat eben den großen Vorzug, lang andauernde, wenn auch schwache Eindrücke anzusammeln, während die Retina unseres Auges nur Augenblicksintensitäten zum Bewußtsein kommen läßt. Die photographische Methode hat daher ausgiebige Verwendung gefunden, so z. B. zur Auffindung schwach leuchtender Sterne, lichtschwacher Spektrallinien, schwach radioaktiver Mineralien usw. Die besonderen Vorzüge, welche das photographische Verfahren als objektive Methode vor der subjektiven mittels des Auges voraushat, brauchen wohl kaum besonders hervorgehoben zu werden.

Es ist ohne weiteres einzusehen, daß mittels der photographischen Platte nun auch alle Versuche über die Durchdringungsfähigkeit der Becquerelstrahlen mit größerer Präzision wiederholt werden können. Doch sind die Experimente natürlich zur direkten Demonstration weniger geeignet. Um etwa die Durchdringungsfähigkeit der Radiumstrahlen zu zeigen, kann man ein Radiumpräparat, das in ein Glasröhrchen eingeschlossen ist, auf die photographische Platte setzen. Dabei kann letztere in schwarzes Papier eingehüllt sein. Nach einer Minute wird man schon eine beträchtliche photographische Wirkung bekommen. Dieselbe ist den β- und γ-Strahlen des Radiums zuzuschreiben, während der oben beschriebene Versuch mit Polonium die Wirkung der α-Strahlen dartut. Die geradlinige Fortpflanzung der Strahlen und ihre verschiedene Durchschlagskraft kann etwa dadurch gezeigt werden, daß man zwischen die möglichst punktförmig angeordnete Radiumquelle, die sich im Abstand von einigen Zentimetern (unter Umständen bis 1 Meter) vor der Platte befinde, je ein Metallblech aus Aluminium und eines aus Blei dazwischenschaltet.

Den Röntgenbildern ähnliche Radiographien mit Radium kann man auf folgende Weise erhalten. Man legt auf die in schwarzes Papier eingehüllte Platte den zu durchleuchtenden Gegenstand (Münze, Portemonnaie usw.). Um scharfe Bilder zu bekommen, wird man das Radium in nicht zu kleiner Entfernung davon anbringen. Auch tut man gut, die γ-Strahlen allein wirken zu lassen, indem man die β-Strahlen durch ein Magnetfeld zur Seite ablenkt. Man vermeidet dann die Unschärfe der Bilder, welche die β-Strahlen durch Erregung von sog. Sekundärstrahlen hervorrufen. Es ist klar, daß bei alleiniger Wirkung der γ-Strahlen die Expositionsdauer entsprechend länger gewählt werden muß.

Nicht ohne Interesse sind die Versuche, dieses radiographische Verfahren auf die Untersuchung mineralischer Brennmaterialien anzuwenden. Man setzt Proben der zu untersuchenden Mineralien auf die photographische Platte. Die Radiumstrahlen werden dann unter denjenigen eine stärkere Schwärzung hervorrufen, welche kohlehaltiger sind. Dementsprechend ist auch der Diamant (kristallisierte Kohle) für Becquerelstrahlen durchlässiger als seine Imitationen. Dieselbe Eigenschaft kommt übrigens auch anderen Edelsteinen zu, wie dem Rubin, Smaragd und Saphir. Sie unterscheiden sich von den falschen Steinen durch ihre größere Durchlässigkeit. Man kann dies unter Umständen direkt am Leuchtschirm nachweisen, wenn man über ein genügend intensives Radiumpräparat verfügt.

Im übrigen ist es bei all diesen Versuchen ohne Bedeutung, ob das verwendete Radium rein oder, wie es gewöhnlich der Fall, mit Baryum vermengt ist. Das reine Radium ist bekanntlich sehr teuer,[1] so daß manche Firmen solches auch leihweise abgeben. Was die Wahl der photographischen Platten betrifft, so kann man sich nicht von dem Grundsatz leiten lassen, daß die extraempfindlichen Platten auch die geeigneteren sein müssen. Die gewöhnlichen Platten können für die besondere Art der Becquerelstrahlen besser sein als die sog. äußerst empfindlichen. Bei sehr schwachen photographischen Eindrücken ist zu beachten, daß solche im Negativ deutlicher hervortreten als im Positiv, eine Beziehung, die neuerdings von Gutton näher untersucht worden ist.

In der photographischen Platte hat man jedenfalls ein empfindliches Reagens auf Becquerelstrahlen. Umgekehrt

---

[1] Die Fabriken von Nogent-sur-Marne geben als Preis für 1 g reines Radiumbromid 400000 Francs an.

kann man aber aus der photographischen Einwirkung gewisser Substanzen nicht auf deren Radioaktivität schließen. Die Schwärzung kann durch äußerst schwache Fluoreszenz, Phosphoreszenz, chemische Veränderung der betreffenden Substanz usw. zustande kommen. Wenn man z. B. auf ein Poloniumpräparat eine photographische Platte mit der Glasseite nach unten legt, so erhält man eine Schwärzung. Diese kann nicht den α-Strahlen zugeschrieben werden, da diese das Glas nicht durchdringen. Vielmehr fluoresziert das Glas infolge der Poloniumstrahlen in schwachem, meist unbemerkbarem Lichte. Dieses genügt aber doch, um die Platte schon in einer Stunde beträchtlich zu beeinflussen. Auch Holz und Papier können photographische Eindrücke liefern. In ersterem Fall ist die Faserung deutlich zu erkennen. Die Papiersorten wirken in verschiedenem Maße auf die Platte. Es ist also nicht gleichgültig, in welchem Papier photographische Platten aufbewahrt werden! Alle die Einflüsse von Holz, Papier, auch von Schellack und anderen ähnlichen Substanzen, sind nun nicht auf eine etwaige Radioaktivität derselben zurückzuführen. Man dürfte sie vielmehr einer geringen chemischen Veränderung der Oberfläche, etwa der Bildung von Wasserstoffsuperoxyd oder Ozon, zuzuschreiben haben.

Als letztes Beispiel möchte ich noch die Fluoreszenz der Luft unter der Wirkung der Becquerelstrahlen erwähnen, welche vom Auge nicht bemerkt, wohl aber photographisch nachgewiesen werden kann. Legt man eine Poloniumplatte und eine photographische Platte nebeneinander, indem man etwa noch ein wenige Millimeter hohes Stück Karton dazwischenstellt, um zu verhindern, daß die Poloniumstrahlen die photographische Platte zum Teil noch treffen, dann wird man trotzdem eine Schwärzung der Platte bekommen, deren Intensität mit der Entfernung vom Poloniumpräparat abnimmt. Die Erscheinung ist dadurch zu erklären, daß die Luft über dem Polonium schwach leuchtet.

Wie besondere Versuche lehrten, war eine Emanation, mit welchem Namen man die gasförmigen Zerfallsprodukte der radioaktiven Substanzen bezeichnet, nicht vorhanden. Da diese Gase ihrerseits wieder zerfallen und dabei radioaktiv sind, so hätte eine etwaige Poloniumemanation die photographische Platte beeinflussen können. Ja, die Wirkung der Emanationen kann genügend stark sein, um den Leuchtschirm zu lebhafter Fluoreszenz zu erregen. Bringt man ein Glasgefäß, das etwas Radium enthält, in Verbindung mit einem zweiten, in dem sich Sidotblende befindet, dann fängt diese an zu leuchten. Dadurch, daß das Radium, wie auch z. B. das Thor und Aktinium (Emanium) eine Emanation besitzen, kommt man in Gefahr, die Laboratorien zu „infizieren", wie man sagt, d. h. die Luft und die Gegenstände, auf denen sich das meist wieder radioaktive Zerfallsprodukt der Emanation absetzt (induzierte Radioaktivität) zu „aktivieren" und dadurch die Laboratorienluft in solchem Grade leitend zu machen, daß andere feinere Messungen verunmöglicht werden. Das Polonium besitzt nun, wie nachgewiesen, keine Emanation, weswegen es auch mit Rücksicht auf seine sonstigen guten Eigenschaften oft mit Vorteil verwendet wird. So ist bis jetzt auch noch keine schädliche, physiologische Wirkung seiner Strahlen bemerkt worden, obschon man beobachtet hat, daß sie z. B. Papier bei langer Einwirkung zerstören (bräunen).

Lebhafter und der Durchschlagskraft der β- und γ-Strahlen entsprechend tiefergehend sind die chemischen Wirkungen, die durch das Radium hervorgerufen werden. Erwähnt sei die Zerlegung des Wassers durch in Lösung befindliches Radiumbromid in Wasserstoff und Sauerstoff; dann namentlich auch die Violettfärbung des Glases. Diese kann in gleicher Weise durch das Aktinium hervorgerufen werden. Viel beobachtet wird sie an Röntgenröhren, welche lange in Betrieb waren, wobei man allerdings auch eine Schwärzung der Glaswände infolge des zerstäubten Platins bemerken kann. Nach neueren Untersuchungen von F. Fischer kommt die Färbung des Glases durch die Ausscheidung von Mangan zustande. Der Effekt läßt sich an gewissen Gläsern schon nach kurzer Bestrahlung nachweisen. So fanden

Salomonsen und Dreyer für eine empfindliche Glassorte bereits nach 24 Minuten eine deutlich erkennbare Färbung. Am empfindlichsten erwies sich ein Boro-Silikat-Kronglas. Auch an zahlreichen anderen Substanzen, wie Quarz, Steinsalz usw., sind Färbungen bemerkt worden.

Am meisten dürften hier die an Edelsteinen gefundenen Resultate interessieren. A. Miethe fand, daß die meisten Edelsteine sich dauernd färben. Besonders bemerkenswert ist dabei das Verhalten der Saphire, welche die durch die Bestrahlung gewonnene, dunkelgelbe Färbung durch Erhitzen wieder verlieren und dann durch Radium wieder gefärbt werden können. Auch die durch Radium gefärbten Gläser werden durch Erhitzen auf etwa 500° wieder entfärbt. Es zeigt sich hier die Eigentümlichkeit, daß das Glas dabei selbstleuchtend wird. Die Ursache der Lichtemission ist in der Veränderung (Regeneration), welche im Glase stattfindet und die sich außer durch die Entfärbung auch durch die Aufhebung der oben erwähnten „Ermüdung" anzeigt, zu suchen. Die Temperaturerhöhung ist dabei nicht die direkte Ursache des Leuchtens, da keine Substanz unterhalb 500° vermöge ihrer Temperaturstrahlung namhaftes Licht aussendet. Man bezeichnet die genannte Eigenschaft gewisser Körper, schon unterhalb der Temperatur, welche sie zum Glühen bringt, zu leuchten, als Thermolumineszenz.

Um die Reihe der mannigfachen chemischen Einwirkungen durch Becquerelstrahlen zu beschließen, sei hier noch die Verwandlung des weißen Phosphors in roten, des Sauerstoffes in Ozon, dann auch die Abscheidung von Jod aus seinen Verbindungen genannt. Alle diese Beobachtungen lehren, daß den radioaktiven Substanzen eine beträchliche Energie innewohnt. Es ist jedoch nur ein kleiner Bruchteil der beim Atomzerfall frei werdenden Energie, welche als Strahlung zum Vorschein kommt, der weitaus größere Teil tritt als Wärme zutage. Diese Wärmeproduktion wird schon daran erkannt, daß die radioaktiven Substanzen dauernd eine höhere Temperatur aufweisen als ihre Umgebuug. Dies ist leicht nachzuweisen, wie es Curie und Laborde zuerst taten, indem man in ein Reagenzglas Radiumbromid (bzw.-chlorid), in ein anderes Baryumchlorid bringt und jedes durch Einbringen in ein Dewargefäß gegen Wärmeabgabe schützt. Befindet sich in der Nähe jedes Gläschens ein Thermometer, dann wird man leicht einen dauernden Temperaturüberschuß von 1—3° zugunsten des Radiums feststellen können.

Da unsere heutigen Hilfsmittel, Temperaturdifferenzen zu messen, äußerst empfindliche sind (Thermoelemente), so dürfte es keine Schwierigkeiten bieten, solche auch an schwach radioaktiven Substanzen nachzuweisen. Ja, es wäre denkbar, unter besonders günstigen Versuchsbedingungen sogar Differenzen für Substanzen, die als nicht radioaktiv bekannt sind, festzustellen, da es auch sog. strahlenlose (vgl. die betreffenden Ausführungen im 3. Kapitel), aber doch mit Wärmeabgabe verbundene Substanzumwandlungen gibt. Das Aktinium dürfte nach den Untersuchungen Godlewskis u. a. ein Beispiel dafür sein, da die Substanz, welche wir als radioaktives Aktinium kennen, bereits das erste Zerfallsprodukt des strahlenlosen Aktinums ist. Dasselbe gibt mehr oder weniger auch für das Uran und Radium B, deren Radioaktivität wir zum großen Teil den in ihnen enthaltenen Umwandlungsprodukten Uran X und Radium C, usw. zuzuschreiben haben.

3. Elektrische Erscheinungen.

Bereits seit der Entdeckung der Uranstrahlen war eine gewisse Ähnlichkeit derselben mit den Röntgenstrahlen unverkennbar. Beide gingen durch undurchsichtige Körper hindurch und wirkten auf die photographische Platte. Die Analogie wurde dadurch noch vervollständigt, daß auch die Uranstrahlen die Eigenschaft zeigten, Gase zu ionisieren, d. h. zur Elektrizitätsleitung zu befähigen. In der Folge ergab sich dann des näheren, daß sowohl die α- als die β- und die γ-Strahlen der radioaktiven Substanzen sich an der Ionisierung beteiligen. Besonders wirksam erweisen sich aber die α-Strahlen, welchen entsprechend der größeren

Masse ihrer Teilchen die größte Bewegungsenergie zukommt. Sie sind es daher namentlich, welche die Gasmoleküle durch ihren Anprall in elektrisch geladene Teile (Ionen) spalten. Hört die ionisierende Wirkung auf, indem man die radioaktive Substanz entfernt, so verschwindet auch die Leitfähigkeit des Gases sehr rasch wieder, indem, wie man annimmt, die Ionen sich wieder zu neutralen Molekülen vereinigen.

Man kann die unter Umständen beträchtliche Leitfähigkeit der Luft durch folgenden Versuch zeigen. Man lädt ein Elektroskop, das in seiner einfachsten Form aus zwei nebeneinander an Siegellack befestigten Goldblättchen besteht, durch eine Siegellackstange. Nähert man dem Elektroskop einen radioaktiven Körper, etwa ein Poloniumpräparat, dann fallen die Goldblättchen rasch zusammen, gleichgültig, ob sie vorher positiv oder negativ geladen waren. Der Elektrizitätsausgleich kann unter Umständen so rasch erfolgen, daß man in wenigen Sekunden selbst eine Leidener Flasche entladen kann.

Auch folgender Versuch ist zur Demonstration geeignet. Man unterbricht die metallische Verbindung zwischen einer Elektrisiermaschine und einem der oft als Demonstrationsapparat beigegebenen Glockenspiele dadurch, daß man einen Plattenkondensator (zwei gegenüberstehende Metallplättchen) dazwischenschaltet. Das Glockenspiel wird dann, auch wenn die Elektrisiermaschine gedreht wird, nicht ertönen. Macht man aber die Luft zwischen den Platten leitend, indem man von der Seite ein Poloniumpräparat nähert, so geht genügend Elektrizität zwischen den Platten über, um das Glockenspiel in Gang zu setzen.

Mit unseren empfindlichen Galvanometern läßt sich der Strom, der zwischen zwei Metallplatten übergeht und der meist höchstens ein Hundertmillionstel des Stromes unserer Glühlampen ausmacht, auch direkt messen. Man nehme etwa eine mit Polonium überzogene Kupferplatte und stelle dieser ein zweites Metall gegenüber. Dann ist die Luft zwischen den Platten ionisiert, und es geht beim Anlegen einer elektrischen Spannung ein verhältnismäßig starker Strom über. Indem man den Plattenabstand von einigen Millimetern bis zu mehreren Zentimetern wachsen läßt, kann man die Stromstärke in ihrer Abhängigkeit vom Plattenabstand kennen lernen. Man sieht, daß der Galvanometerausschlag bei einem kleinen Werte anfängt, dann rasch wächst, schließlich aber wieder abnimmt. Dies ist ein eigentümliches Verhalten, welches damit zusammenhängt, daß bei der Elektrizitätsleitung in Gasen die Ionen in jedem Augenblick erst gebildet werden müssen, im Gegensatz zur Stromleitung in Elektrolyten (z. B. wässeriger Salzlösung), wo die Stromstärke stets mit der Vergrößerung des Abstandes der Elektroden abnimmt.

Der elektrische Strom in Gasen zeigt weiter noch eine Reihe von Besonderheiten, insbesondere folgt er nicht dem Ohmschen Gesetz. Wenn man die elektrische Spannung an den Metallplatten nach und nach vergrößert, indem man z. B. immer mehr Akkumulatoren in den Stromkreis einschaltet, so wächst der Strom nicht im selben Maße, sondern nähert sich einem gewissen, für jeden Fall besonderen Grenzwert. Man hat dann den sog. Sättigungsstrom. Er erklärt sich dadurch, daß nicht mehr Elektrizität zwischen den Platten übergehen kann, als der Elektrizitätsmenge der Ionen entspricht, die sich an ihnen entladen. Nun wird aber in jedem Augenblick nur eine ganz bestimmte Anzahl von Gasmolekülen ionisiert, so daß der durch sie vermittelte Strom jedenfalls nicht über eine gewisse Grenze hinauswachsen kann, es sei denn, daß man die elektrische Spannung nicht abnorm vergrößere, wobei dann wieder andere Vorgänge ins Spiel kommen.

Es ist leicht einzusehen, daß der Sättigungsstrom, der eigentlich die Gesamtzahl der erzeugten Ionen mißt, von der Intensität der Becquerelstrahlen abhängt, und zwar der Radioaktivität der benutzten Substanz proportional ist. In dieser Hinsicht liefert der Sättigungsstrom ein weit genaueres und empfindlicheres Maß für die Radioaktivität einer Substanz, als wie dasjenige, welches wir in der Photographie oder in der Fluoreszenz kennen gelernt haben. Diese „elektrische Methode“, für deren Anwendung besondere Elektroskope (Curiesches Elektroskop) konstruiert worden sind, gibt die einzig genauen Resultate. Sie wird gleich vorteilhaft verwendet, wenn es sich um Vergleichung von Aktivitäten verschiedener Substanzen oder der Bestimmung der Radioaktivitätsabnahme einer und derselben Substanz handelt.

Die ionisierende Wirkung der Becquerelstrahlen kann nun vielfach dazu benutzt werden, um die Elektrizitätsleitung in Gasen zu studieren und uns allgemein Aufschluß über das Wesen der Gasionen zu geben. Die radioaktiven Stoffe sind in dieser Hinsicht ein viel bequemeres Hilfsmittel als die Röntgen- und Kathodenstrahlen, die auch als Ionisatoren verwendet werden können, aber eines viel komplizierteren Apparateaufbaus benötigen. Erstere geben uns überdies noch besonderen Aufschluß über die ionisierende Wirkung der α-, β- und γ-Strahlen im einzelnen. Man hat hier zum Teil ziemlich unerwartete Ergebnisse gefunden. So hat man z. B. feststellen können, daß die Ionisierung durch α-Strahlen nicht in der Nähe der radioaktiven Substanz am stärksten ist, sondern, daß das Maximum der ionisierenden Wirkung erst in einer gewissen Entfernung vorhanden ist.

Daß die radioaktiven Substazen auch bei ganz anderen Fragen Verwendung finden können, möge an einem Beispiel gezeigt werden. Angenommen, man stelle zwei verschiedene Metallplatten einander gegenüber und ionisiere die Luft zwischen ihnen, dann wird man feststellen können, daß die beiden Metalle eine bestimmte elektrische Spannung aufweisen, ähnlich wie die Pole eines galvanischen Elementes. Man hat dann eine Gaszelle vor sich, die sich von einem gewöhnlichen Element nur dadurch zu unterscheiden scheint, daß die Flüssigkeit des letzteren durch ionisiertes Gas ersetzt ist. Wenn man hier speziell Becquerelstrahlen als Ionisatoren verwendet, so sind diese in der Tat nur Mittel zum Zweck und ermöglichen es in einfacher Weise, Versuche über die Gaszellen als solche anzustellen. Verfasser hat u. a. die Frage nach der Ursache der elektromotorischen Kraft solcher Zellen untersucht. Es sei hier auf die Resultate, welche dann insbesondere die Erklärung der sog. Kontaktelektrizität berührten, nicht eingegangen.

Ich möchte hier vielmehr noch auf eine weitere mit der Ionisation der Gase zusammenhängende Erscheinung hinweisen, welche zugleich die weitgehendsten Schlüsse über die Größe der Ionen und ihrer elektrischen Ladung erlaubt hat. Man kann leicht folgendes Experiment machen. Läßt man einen Dampfstrahl aus einer Spitze ausströmen, so wird er beim Heranbringen einer stark radioaktiven Substanz (etwa Polonium) undurchsichtig, d. h. die Dampfteilchen kondensieren sich sofort zu Nebelbläschen. Daß der Vorgang nicht mit den Becquerelstrahlen als solchen zusammenhängt, zeigt eine Wiederholung des Versuches derart, daß man dem Dampfstrahl zwei mit der Elektrisiermaschine verbundene Pole, von denen der eine spitzenförmig ist, nähert. Da aus der Spitze sehr leicht Elektrizität ausströmt, so geht zwischen den beiden Polen ein elektrischer Strom über, ein sog. Spitzenstrom. Wo aber ein Strom durch ein Gas geht, da muß dieses ionisiert sein. Es ist also die Ionisierung der Luft, welche die Kondensation des Dampfes zu Nebel hervorruft. In welcher Weise der Mechanismus des Vorganges zu erklären ist, zeigt die durchaus analoge Wirkung, welche Staubteilchen der Luft ausüben. Indem diese, wie man sagt, als Kondensationskerne dienen, schlägt sich der Dampf an ihnen nieder, Nebelbildung verursachend.

Folgendes Experiment zeigt die Bedeutung der Staubteilchen. Man läßt ein mit Wasserdampf gesättigtes Gasgemisch sich ausdehnen. Dann wird Nebelbildung eintreten, solange noch Staubteilchen vorhanden sind. Die Nebelbläschen sinken jeweils allmählich zu Boden. Wiederholt man das Experiment derart, daß keine neuen Staubteilchen mehr zutreten können, dann wird schließlich bei derselben Expansion keine Kondensation mehr stattfinden, d. h. das Gas bleibt im übersättigten Zustand. Die Staubteilchen sind alle niedergeschlagen und können nicht mehr als Kondensationskerne dienen. Läßt man nun auf das Gasgemisch Becquerel- oder Röntgenstrahlen einwirken, so beginnt von neuem Kondensation. Der Vorgang erklärt sich nicht anders, als daß in diesem Fall die Ionen die Rolle der Staubteilchen spielen, d. h. Kondensationskerne bilden.

Dieses Experiment ist dadurch zu Bedeutung gekommen, daß J. J. Thomson die weitgehendsten Schlüsse aus ihm gezogen hat. Er hat theoretisch und praktisch gezeigt, wie sich unter Berücksichtigung der Fallgeschwindigkeit der Nebelbläschen (des Nebels) die Ladung eines solchen, d. h. eines Ions bestimmen läßt. Die Thomsonschen Versuche sind dann von Wilson weitergeführt worden. Die von ihm verwendete vereinfachte Methode gründet sich auf die Tatsache, daß bei genügend kleiner Expansion nur die negativen Ionen als Ansatzkerne dienen. Wilson veränderte nun die Fallgeschwindigkeit der negativ geladenen Nebelschicht durch meßbare elektrische Felder bald im einen bald im anderen Sinn. Aus den Versuchsdaten ließ sich dann ebenfalls die Ladung eines Ions bestimmen. Es ergab sich das wichtige Resultat, daß die Ladung von gleicher Größe ist wie diejenige eines Wasserstoffions in einem Elektrolyten (z. B. verdünnter Schwefelsäure). Da man nun außerdem, insbesondere durch die weiter unten zu erwähnende magnetische und elektrische Ablenkung der α- und β-Strahlen das Verhältnis der Ladung eines Ions zu seiner Masse kennt, so kann man unter Benutzung der von Wilson gefundenen Zahl für die Ladung auch die Masse eines Ions ermitteln. Diese wenigen Bemerkungen mögen zeigen, welche weittragenden Schlüsse aus der Gasionentheorie bereits gezogen werden konnten, daß diese letztere insbesondere dazu berufen sein mußte, uns zu neuen und wichtigen Anschauungen über Elektrizität und Materie zu führen.

Nicht uninteressant sind die Schlüsse auf meteorologischem Gebiet, die aus den Kondensationsversuchen gezogen worden sind. Es ist seit den grundlegenden Untersuchungen von

Elster und Geitel bekannt, daß die Luft immer etwas ionisiert ist, und zwar zumeist positive Ionen in der Überzahl enthält. Die geringe Leitfähigkeit der Luft erklärt sich durch eine minime Radioaktivität derselben infolge des Vorhandenseins von Emanation, welche den radioaktiven Stoffen der Erde entstammt. Das Überwiegen der positiven Ionen läßt sich dabei auf die größere Beweglichkeit der negativen Ionen zurückführen. Da nun die Luftionen mit Vorliebe in den Nebel hineindiffundieren, was mit der Tendenz derselben, als Kondensationskerne zu dienen, zusammenhängt, so können die Nebel (Wolken) mehr oder weniger elektrisch geladen sein. Erfolgt nun Regenbildung, so vereinigen sich viele Nebelbläschen zu einem Tropfen, ihre elektrische Ladung wird auf eine kleinere Oberfläche zusammengepreßt, d. h. die elektrische Spannung steigt. Es wird insbesondere bei der raschen Bildung großer Tropfen, wie sie ja bei Gewittern stets beobachtet werden kann, starke elektrische Spannung vorhanden sein. Ist diese genügend groß, dann erfolgt der gewaltige Elektrizitätsausgleich, den wir in Form von Blitzen zu sehen gewohnt sind. Dies eine moderne Blitztheorie.

Nun möchte ich diese Notizen über Ionisation der Gase noch mit einem kleinen Experiment beschließen, das trotz seiner Einfachheit recht instruktiv ist. Die Pole eines Funkeninduktors seien einander zunächst so weit genähert, daß die Funken übergehen. Bringt man nun die Elektroden immer weiter auseinander, so wird eine Entfernung kommen, wo die Funken gerade nicht mehr überschlagen. Nähert man jetzt von der Seite ein Radium- oder Poloniumpräparat, so beginnt das Funkenspiel von neuem, um gleich wieder aufzuhören, wenn die Präparate wieder entfernt werden.

Die Erklärung dieser Erscheinung ist folgende. Damit zwischen zwei Elektroden ein Funke übergehe, muß die elektrische Spannung an ihnen mindestens einen gewissen Wert besitzen (Funkenpotential). Wenn man jedoch die Spannung nur einen Augenblick anlegt, dann tritt auch dann die Entladung nicht ein, ja, man kann bedeutend höhere Spannungen anlegen, als dem Funkenpotential entsprechen, ohne daß Funken übergehen. Diese Erscheinung ist unter dem Namen der Funkenverzögerung bekannt. Es braucht eine gewisse Zeit, bis die Luft sich vermöge der Spannung zwischen den Elektroden so weit ionisiert hat, daß die Elektrizität als Funke überspringt. Bewirkt man aber durch Röntgen- oder Becquerelstrahlen, daß die Luft etwas vorionisiert ist, dann tritt augenblickliche Entladung ein, d. h. die Verzögerung wird aufgehoben. Der Ruhmkorff liefert nun Wechselstrom, d. h. die Spannung der Elektroden steigt und fällt in rascher Aufeinanderfolge. Infolgedessen kann die Funkenstrecke nicht so weit vergrößert werden, als es eigentlich die Maximalspannung des Wechselstroms erlauben sollte. Erst die Aufhebung der Funkenverzögerung durch Becquerelstrahlen macht den Funkenübergang auch bei größerer Entfernung möglich.

Diese Einwirkung auf den Funken wurde zuerst von Hertz entdeckt. Er fand den Effekt mittels des ultravioletten Lichtes, das er auf die Elektroden fallen ließ. Diese letzteren senden unter der Belichtung Elektronen aus, welche ihrerseits die Luft ionisieren. Auch ein glühender Draht vermag die Luft leitend zu machen, so daß man einen solchen an Stelle einer radioaktiven Substanz verwenden kann.

Eine zunächst merkwürdige Umkehrung der Erscheinung tritt ein, falls man die Luft durch zu nahes Heranbringen stark ionisiert. Dann werden umgekehrt die Funken, die anfänglich übergingen, aufhören. Die Erscheinung läßt sich darauf zurückführen, daß infolge der in genügender Anzahl vorhandenen Ionen ein stiller Elektrizitätsausgleich stattfindet.

Während wir bis jetzt elektrische Erscheinungen besprochen haben, welche durch radioaktive Substanzen hervorgerufen werden, erübrigt es sich nun, auch einiges über die elektrische Natur der Becquerelstrahlen selbst zu sagen. Wir haben zwar bereits die korpuskulare Natur der α- und

β-Strahlen erwähnt und den ersteren positive, den letzteren negative Ladung zugeschrieben. Wie kommen wir aber dazu, erstere mit den sog. Kanalstrahlen, letztere mit den Kathodenstrahlen zu identifizieren? Vor allem ist es die magnetische und elektrische Ablenkung, welche die genannten Strahlen erfahren. Diese wird am leichtesten an den Kathodenstrahlen demonstriert. In einem evakuierten Glasgefäß werde ein Kathodenstrahlenbündel erzeugt, das längs einer fluoreszierenden Fläche hinstreicht. Dann erkennt man das Bündel durch den entsprechenden leuchtenden Streifen. Bringt man nun einen Hufeisenmagneten an das Glasgefäß heran, so daß der eine Pol hinter, der andere vor der fluoreszierenden Fläche ist, dann werden die Kathodenstrahlen abgelenkt, was durch die Krümmung des Lichtstreifes erkannt wird. Da Kathodenstrahlen verschiedener Geschwindigkeit vorhanden sind, falls man zum Betrieb, wie meistens, einen Ruhmkorff verwendet, so tritt infolge der verschieden starken Ablenkung auch eine Verbreiterung des Bündels ein. Dreht man den Magneten um, so daß seine Pole vertauscht sind, so findet die Krümmung des Streifs nach der anderen Seite statt. Diese erfolgt aber immer in einer solchen Richtung, als wenn die Kathodenstrahlen einen Strom negativer Elektrizität darstellten.

Die elektrostatische Ablenkung der Kathodenstrahlen kann an einer Braunschen Röhre gezeigt werden. In der Längsrichtung eines evakuierten Glasgefäßes werden wieder Strahlen erzeugt, welche auf einen Baryumplatincyanürschirm auffallen und dort einen Fluoreszenzfleck erzeugen. Die Strahlen gehen zwischen zwei Metallplatten hindurch. Sind diese elektrisch geladen, dann werden die Kathodenstrahlen abgelenkt, was an der Verschiebung des Fluoreszenzfleckes erkannt wird. Falls Strahlen von verschiedener Geschwindigkeit vorhanden sind, tritt auch hier Verzerrung des Fleckes zu einem Streifen ein. Durch die magnetische Ablenkung sowohl als die elektrische werden die Kathodenstrahlen als aus negativ geladenen Teilchen bestehend erkannt. Es möge diesbezüglich noch beigefügt werden, daß aus genauen Messungen dieser Art auch das Verhältnis von Ladung und Masse eines der bewegten Elektronen ermittelt werden konnte.

Die Identität der β-Strahlen mit den Kathodenstrahlen wurde nun dadurch erkannt, daß beide derselben Ablenkung unterworfen sind. Es hat sich jedoch ergeben, daß die β-Strahlen eine viel höhere Geschwindigkeit haben müssen, da sie schwerer abgelenkt werden (Elektromagnete) als die Kathodenstrahlen. Ihre Geschwindigkeit kommt bis an die des Lichts (300 000 km pro Sekunde) heran. Indem man die β-Strahlen ablenkt, kann man diese von den γ-Strahlen, die vom Magneten nicht beeinflußt werden, trennen. Man hat darin ein einfaches Mittel, um die γ-Strahlen gesondert studieren zu können. (Vgl. auch das im 2. Kapitel über Radiographien mit γ-Strahlen Gesagte.)

Was nun die Ablenkung der α-Strahlen betrifft, so konnte eine solche zunächst gar nicht festgestellt werden. Erst Rutherford und Becquerel berichten 1903 über die ersten gelungenen Versuche dieser Art. Als Resultat ging aus diesen, sowie den neueren Versuchen (Becquerel, Des Coudres, Rutherford) hervor, daß die Ablenkung der α-Strahlen nach entgegengesetzter Richtung als die der β-Strahlen erfolgt, woraus dann auf die positive Ladung der ersteren geschlossen werden konnte. Aus der geringen Ablenkung und bei Berücksichtigung der verhältnismäßig geringen Geschwindigkeit der α-Strahlen ging dabei hervor, daß die α-Teilchen, im Gegensatz zu den viel kleineren β-Teilchen, von gleicher Größenordnung wie die Moleküle sein müssen. Ähnliche Resultate wurden auch an den Kanalstrahlen gefunden, so daß man diese und die α-Strahlen als identisch ansieht. Um Kanalstrahlen zu bekommen, verwendet man in der Kathodenröhre eine mit Löchern versehene Elektrode. Während dann an der Vorderfläche der Kathode die Kathodenstrahlen entstehen, gehen von den Löchern in rückwärtiger Verlängerung die schwachleuchtenden Kanalstrahlen aus, die wie erstere das Glas an den getroffenen Stellen zur Fluoreszenz bringen.

Von den Bemühungen, die elektrische Ladung der genannten Strahlen direkt dadurch nachzuweisen, daß die von ihnen getroffenen Metallflächen sich im betreffenden Sinne aufluden, sind zunächst nur die an den Kathoden- und β-Strahlen erfolgreich gewesen. Die entsprechenden Versuche an den α-Strahlen sind hingegen noch Gegenstand vielfacher Diskussion.

Doch sind unsere Kenntnisse von den α-Strahlen gerade durch die neueren Untersuchungen, unter welchen die von Rutherford, dann auch die von Bragg und Kleeman zu nennen sind, bedeutend erweitert worden. Rutherford hat zuerst durch die magnetische Ablenkung nachgewiesen, daß die α-Strahlen einer und derselben Substanz alle dieselbe Geschwindigkeit besitzen, d. h. homogen sind. Bragg und Kleeman fanden, daß das Radium α-Strahlen von viererlei Geschwindigkeit aussendet, was sich damit erklärt, daß das Radium mit seinen Zerfallsprodukten vermengt ist, von denen drei nebst dem eigentlichen Radium α-Strahlen aussenden. Man weiß auch, daß die α-Partikel beim Durchgang durch Materie (Metalle, Luft) an Geschwindigkeit einbüßen. Rutherford hat ferner gezeigt, daß die α-Strahlen die Luft nicht mehr ionisieren, wenn ihre Geschwindigkeit unter einen vom ursprünglichen meist nicht mal sehr verschiedenen Wert gesunken ist.[1] An derselben Geschwindigkeitsgrenze hört auch der photographische und der Fluoreszenzeffekt auf, so daß es sehr wahrscheinlich ist, daß alle drei Wirkungen: die ionisierende, die chemische und die fluoreszenzerregende dieselbe Ursache haben, nämlich in der Ionisierung der von den α-Strahlen getroffenen Materie. Die scintillierende Phos-

[1] Damit zusammen hängt die Erscheinung, daß die α-Teilchen einer radioaktiven Substanz die umgebende Luft nur bis zu einer gewissen Entfernung zu ionisieren vermögen. Da die α-Teilchen beim Durchgang durch die Luft fortwährend verlangsamt werden, sinkt ihre Geschwindigkeit schließlich unter den zur Ionisierung erforderlichen Wert. Je größer die anfängliche Geschwindigkeit ist, um so weiter reicht die ionisierende Wirkung der α-Strahlen. Die Werte, die man für diese sog. Reichweite gefunden hat, schwanken zwischen 3,5 cm (Radium) und 8,6 cm (Thor C).

phoreszenz findet dadurch eine wesentlich plausiblere Erklärung, als die oben berührte (1. Kapitel). Das Leuchten der Sidotblende wäre nach dem Gesagten einfach darin zu suchen, daß die im Zinksulfid gebildeten Ionen sich wieder vereinigen.

Die genannten Versuche, welche sehr subtiler Natur sind — man braucht nur die zum Teil gegensätzlichen Auseinanderlegungen so bedeutender Forscher wie Becquerel und Rutherford zu lesen — eignen sich natürlich nicht zu Demonstrationsversuchen. Ich glaube sie aber bei ihrer Wichtigkeit nicht übergehen zu sollen. Ich deute bloß die höchst bemerkenswerte Konsequenz an, daß ein Körper radioaktiv sein kann, ohne durch seine ionisierende, chemische oder fluoreszenzerregende Wirkung aufzufallen! Dies ist dann der Fall, wenn die Geschwindigkeit der α-Teilchen unter dem genannten minimalen Wert (etwa ein Zwanzigstel Lichtgeschwindigkeit) liegt. Es würde sich damit die sog. strahlenlose Umwandlung gewisser Substanzen erklären. Noch weiter; man wird erwarten dürfen, daß auch manch ein bekanntes Element nicht unbeträchtlich radioaktiv ist, wenn wir es bis jetzt auch durchaus nicht in dieser Eigenschaft kannten. Die oben berührte Frage, ob gewisse Körper dauernde Temperaturdifferenzen aufweisen, könnte hier Aufschluß geben.

Ich beschließe meine Ausführungen mit der Beschreibung eines von Strutt konstruierten Demonstrationsapparates. Es ist dies eine Art automatisches Elektroskop, das geeignet ist, die nicht unbeträchtliche Ladung der β-Teilchen darzutun. In einem Glasgefäß, das zur Verhinderung von Elektrizitätszerstreuung durch Ionen luftleer gepumpt ist, befindet sich, isoliert aufgehängt, ein geschlossenes, kleines Glasröhrchen mit Radiumbromid. An diesem Röhrchen, dessen Oberfläche durch Phosphorsäure leitend gemacht ist, hängen nebeneinander zwei Goldblättchen nach Art eines Elektroskops. Da die β-Strahlen des Radiums durch das Glasröhrchen hindurchgehen und negative Ladung mitnehmen, so muß sich im Innern des Glasröhrchens positive Elektrizität ansammeln. Diese Wirkung überträgt sich durch Influenz auf das Äußere des Röhrchens, und die Goldblättchen fangen an, mit positiver Elektrizität zu divergieren. Die Blättchen erreichen schließlich die Wand des äußeren Gefäßes, die an den betreffenden Stellen mit Stanniol überzogen ist. Bei der Berührung mit diesen entladet sich das Elektroskop, die Blättchen fallen zusammen, und das Spiel beginnt von neuem. Da die Radioaktivität des Radiums nach unseren Erfahrungen praktisch so gut wie konstant bleibt, so hat man in dem beschriebenen Apparat eine Art „Perpetuum mobile" vor sich. Angenommen, die Anordnung sei mit der Zeit keiner Abnutzung und sonstigen Veränderung[1] unterworfen, so könnte wohl nach Hunderten von Jahren das Spiel noch dasselbe sein. Wenn man somit nach menschlichen Verhältnissen rechnete, so wäre die „Maschine" in dem Sinne ein Perpetuum mobile, als sie uns, sowie späteren Generationen ohne weiteres Zutun dieselben Dienste leisten wird.

Lange Zeit wurde mit der Möglichkeit gerechnet, daß die Energieabgabe des Radiums absolut konstant sei, namentlich im Hinblick darauf, daß man bis jetzt noch keine Abnahme seiner Wirksamkeit hat feststellen können. Das Radium schien dann gleichsam Wärme aus nichts zu erzeugen, was natürlich mit dem Gesetz von der Konstanz der Energie, welches sich als Grundpfeiler der exakten Naturwissenschaft erwiesen hat, ganz unvereinbar war. Der Vergleich mit anderen radioaktiven Stoffen zeigte aber zunächst, daß der Gedanke von der Konstanz der Radioaktivität durchaus ungerechtfertigt ist. Die Abnahme der Wirksamkeit verschiedener Substanzen variiert in den weitesten Grenzen: von wenigen Sekunden bis zu vielen Jahren. Es

---

[1] Hierbei ist etwa an das dauernde Anwachsen der positiven Ladung im Innern des Glasröhrchens zu denken, wobei letzteres schließlich von einem Funken durchschlagen werden kann. Auch scheinen sich nach Beobachtungen von Precht die vom Radium entwickelten Gase in solcher Menge ansammeln zu können, daß der innere Druck schließlich zur Explosion führt.

ist schon aus diesem Grund nicht anzunehmen, daß das Radium eine Ausnahme bilde. Der Unterschied wird auch hier nur ein gradueller sein. Brauchen die einen Substanzen sehr wenig Zeit, um ihre Aktivität zu verlieren, so braucht das Radium sehr lange (nach neueren Schätzungen 1300 bzw. 2600 Jahre, um die Hälfte seiner Wirksamkeit einzubüßen). Unsere Meßinstrumente sind in diesem Fall einfach nicht mehr fähig, den geringen Unterschied, welcher einigen Jahren entspricht, erkennen zu lassen. Auch hat die moderne Theorie der Radioaktivität gezeigt, daß es sich hier keinesfalls um Schaffung von Energie aus nichts handeln kann. Die Ursache der Wärmeproduktion ist danach vielmehr im Zerfall der radioaktiven Atome und Freiwerden der latenten Atomenergie zu suchen. Dieser Energievorrat muß allerdings ein enormer sein, wenn trotz der starken Wärmeabgabe die Wirksamkeit des Radiums nur unmerklich abnimmt. Wir sind durch die tägliche Erfahrung gewohnt, jede Bewegung rasch gedämpft zu sehen, falls nicht durch Zufuhr von Energie für die Aufrechterhaltung derselben gesorgt wird. In dieser Hinsicht muß uns die langandauernde Wirksamkeit des Radiums ungewohnt erscheinen. Der Struttsche Apparat verliert freilich unter dieser Betrachtungsweise den Nimbus eines Perpetuum mobile, einer außerhalb aller Naturgesetze stehenden Maschine. Allein er erreicht den höheren Zweck: er dient uns zur Belehrung!

2

Die Atomzerfallstheorie und ihre experimentellen Stützen.

Beinahe um dieselbe Zeit, wie die Röntgenstrahlen, sind die neuen Strahlen des Urans durch H. Becquerel (1896) entdeckt worden. Während die ersteren in kurzer Zeit infolge ihrer erfolgreichen Verwendung in den medizinischen Wissenschaften die weitgehendste Beachtung gefunden haben, blieben die grundlegenden Entdeckungen der Radioaktivität zunächst ziemlich unbemerkt. Erst als 1898 Herr und Frau Curie die stark aktiven Substanzen, das Polonium und das Radium, auffanden, wurde man auf die neuen Erscheinungen aufmerksam. Während die Wirkung der Uranstrahlen eine verhältnismäßig schwache ist, sind die Radiumstrahlen so intensiv, daß sie beträchtliche chemische Wirkungen auszuüben vermögen. Auch die Fähigkeit, Gase elektrisch leitend zu machen, und die starken Leuchtwirkungen deuteten darauf hin, daß das Radium eine Energiequelle darstellt, deren Größe und Konstanz das allgemeine Erstaunen wachrufen mußten. Zu dieser Überzeugung trug auch nicht wenig die Tatsache bei, daß das Radium dauernd Wärme entwickelt und sich infolgedessen auf einer höheren Temperatur befindet als seine Umgebung. Es haben sich in der Folge die hervorragendsten Forscher mit der Frage der Radioaktivität beschäftigt. Wie rapid das Interesse für das Gebiet gewachsen ist, kann am besten aus der von Jahr zu Jahr sich mehrenden Literatur ersehen werden. Auch sind neuerdings spezielle Zeitschriften für diesen jungen Zweig gegründet worden: das „Jahrbuch der Radioaktivität und Elektronik“ und „Le Radium“. Und in der Tat, es hat kaum ein physikalisches Gebiet in so kurzer Zeit eine solche Menge von Entdeckungen zutage gefördert, wie das der Radioaktivität. Auch zeigte sich die Bedeutung der neuen Wissenschaft in dem mächtigen Einfluß, den sie auf unsere Vorstellungen von Materie und Elektrizität ausübte.

Man hätte allerdings in den wenigen Jahren kaum eine Fülle solch wichtiger Entdeckungen gemacht, wenn nicht beinahe von Anfang an eine lebenskräftige Theorie der Radioaktivität entstanden wäre. Es ist namentlich das Verdienst des amerikanischen Physikers Rutherford, die sog. Atomzerfallstheorie in ihren Grundzügen ausgesprochen zu haben, deren Richtigkeit sich dann in der Folge so durchgreifend bestätigt hat. Es haben sich zwar auch Stimmen geltend gemacht, welche die Radioaktivität auf anderem Wege erklären wollten. Es ist interessant, zu sehen, wie z. B. Behrendsen seinerzeit die Radioaktivität als eine Begleiterscheinung langsamer, molekularer Umlagerungen (Übergang einer kristallinischen Modifikation in die amorphe) auffaßt, oder zu sehen, wie man die Gravitation zur Erklärung der dauernden Energieabgabe des Radiums heranzuziehen versuchte. Mehr Wahrscheinlichkeit schien noch die Anschauung zu haben, daß eine unbekannte, überall im Weltenraume vorhandene Strahlung durch das radioaktive Atom absorbiert werde und dadurch die Emission der Becquerelstrahlen veranlasse. Diese Auffassung schien ein Analogon in den fluoreszierenden Körpern zu haben, welche unter Absorption von Lichtstrahlen zur Aussendung ihres Eigenlichtes erregt werden.

Die Atomzerfallstheorie hat sich aber in der Erforschung der Radioaktivität so fruchtbringend erwiesen, und sprechen die Tatsachen so sehr für diese, daß sie heute beinahe allgemeine Anerkennung gefunden hat. Der Kern der Theorie besteht, wie der Name schon sagt, in der Annahme, daß das radioaktive Atom unter Aussendung von Becquerelstrahlen zerfällt. Dabei kann das neugebildete

Atom wieder radioaktiv sein und in ein solches von noch kleinerem Gewicht übergehen. Man kann danach die Elemente in eine solche Reihenfolge bringen, daß jedes folgende aus dem vorhergehenden entsteht. Man bekommt eine Zerfallsreihe (Desintegrationsserie), welche mit dem höchstatomigen, radioaktiven Element beginnt und damit endet, daß das letzte sich in ein inaktives Element verwandelt.

Die wichtigsten Stützen dieser Theorie bilden die experimentellen Nachweise solcher Umwandlungen. So ist vom Thor, vom Radium und dem von Debierne entdeckten Aktinium nachgewiesen, daß sie dauernd eine Substanz abgeben, welche alle Eigenschaften eines indifferenten Gases besitzt. Die sog. Emanation diffundiert, läßt sich kondensieren und verdampfen. Als eine der beweiskräftigsten Bestätigungen der Theorie muß aber die von Ramsay gemachte Entdeckung gelten, daß die Radiumemanation ihrerseits wieder zerfällt und zwar in das bekannte Edelgas Helium. Diese Verwandlung ist seither vielfach bestätigt worden, sodaß die Bildung von Helium aus Radium als erwiesen gilt. Auch das Aktinium zerfällt nach neueren Mitteilungen Debiernes in Helium. Man hat zwar wohl versucht, diese Tatsachen auch anders zu erklären. So hat man auf die Möglichkeit hingewiesen, daß das untersuchte Radium vielleicht eine hypothetische Verbindung desselben mit Helium (Radiumhelid) enthalten habe, und daß die beobachtete Gasentwicklung durch Trennung dieser Verbindung in ihre Komponenten zustande gekommen sei. Die neueren Versuche lassen aber diese Erklärung nicht mehr zu. Im Gegenteil, alle Tatsachen, besonders das dauernde Vorkommen des Heliums in radioaktiven Mineralien, lassen erkennen, daß dieses Edelgas allgemein ein Abspaltungsprodukt radioaktiver Körper ist. Der langsamen Bildung von Helium in radioaktiven Mineralien entsprechend, ist es leicht verständlich, daß dieses Gas im okkludierten Zustand darin verblieb. Wird die Substanz erhitzt, so läßt sich daraus das im Laufe langer Zeiträume gebildete Helium gewinnen. Nimmt man an, daß nicht nur das Radium, sondern alle radioaktiven Körper Helium entwickeln, so kommt man zur Ansicht, daß allgemein die α-Teilchen Heliumatome sind bzw. sich in solche umbilden. Es würde dann der Atomzerfall in der Weise stattfinden, daß jedes Atom sein Gewicht um ein α-Teilchen vermindert, und daß das zweite Abspaltungsprodukt stets Helium wäre. Man kann dann noch weiter gehen und unter der Annahme, ein α-Teilchen sei ein Heliumatom und habe somit das Gewicht 4, vermuten, daß das Atomgewicht sich stets um 4 vermindere, und daß überhaupt alle Atomgewichte Multipla von 4 seien. Die Idee von der multipeln Regel, welche die Atomgewichte beherrschen soll, ist nun nichts Neues. Man ist aber beim Hinblick auf die Unregelmäßigkeiten im periodischen System davon abgekommen. Daß die Schwierigkeiten sich vielleicht in gewissem Sinne heben werden, ist zwar nicht ausgeschlossen. Man vergleiche darüber etwa Ramsays „Betrachtungen über das periodische System der Elemente“ (1904). Wir brauchen aber auf die Frage nicht näher einzugehen; denn die Annahme, das α-Partikel sei ein Heliumatom, ist noch zu wenig gesichert, als daß man mit ihr rechnen müßte.

Es wäre auch denkbar, daß nur die sog. Emanationen sich in Helium verwandeln, daß die übrigen radioaktiven Körper aber andere gasförmige Abspaltungsprodukte bilden. So besitzt z. B. das Polonium keine Emanation. Ebensowenig habe ich eine Heliumbildung aus Polonium nachweisen können, was allerdings auch bloß an der geringen Menge des mir zur Verfügung stehenden Poloniums liegen konnte. Um diese Fragen zu entscheiden, müssen vor allem die Versuche über die gasförmigen Abspaltungsprodukte der radioaktiven Körper noch weiter ausgedehnt werden.

Von den festen Zerfallsprodukten dürfen jedoch eine ganze Reihe als bekannt angesehen werden. Insbesondere hat man die Abkömmlinge des Radiums bis zum Endglied der Reihe herab verfolgen können. Schon sehr früh hatte man beobachtet, daß die Radiumemanation sich auf festen Körpern niedersetzte und diese „aktivierte“. Nach der Zerfallstheorie rührt diese sog. induzierte Aktivität davon her, daß die Emanation wieder in einen radioaktiven Stoff zerfällt, der sich auf den umliegenden Körpern absetzt. Es hat sich gezeigt, daß dieses Radium A sich wiederum umwandelt usf. Die ganze Reihe ist festgestellt worden, deren Glieder durch die laufenden Buchstaben A, B, C usw. bezeichnet zu werden pflegen. Das letzte Abbauprodukt ist Radium F.

Es fragt sich nun, an was sich diese verschiedenen Substanzen erkennen lassen. Diese Frage ist um so mehr berechtigt, als man die meisten dieser Körper gar nicht chemisch darstellen kann, sondern nur durch den spontanen Zerfall des Radiums erhält. Und überdies sind die so gewonnenen Mengen meist so klein, daß ihr chemischer Charakter gar nicht erkannt werden könnte. Selbst die so empfindliche Spektralanalyse versagt bei der Feststellung solch winziger Mengen vollständig. Es kann somit nur die besondere Art der Radioaktivität zur Charakterisierung der einzelnen Substanzen dienen. Einmal unterscheiden sich die verschiedenen Körper durch die Natur ihrer Strahlung, indem sie α-, β- und γ-Strahlen[1] einzeln oder in bestimmten Verhältnissen aussenden.

Mehr noch und namentlich schärfer unterscheiden sich die Substanzen aber durch die Abnahme ihrer Radioaktivität. Charakteristisch für jede Substanz ist die Zeit, in welcher sie die Hälfte ihrer Aktivität verliert, d. h. die sog. Halbierungskonstante. Diese ist stets dieselbe, welches auch die ursprüngliche Intensität der Strahlung sei. Um die Stärke der Radioaktivität zu messen, hat man nun eine sehr empfindliche Methode. Diese besteht darin, daß man die Leitfähigkeit der Luft bestimmt, welche durch die Becquerelstrahlen hervorgerufen wird. Man kann die Versuchsbedingungen so wählen, daß der elektrische Strom, der durch das leitend gemachte Gas fließt, direkt proportional der

[1] Radioaktive Substanzen, die nur γ-Strahlen aussenden, sind allerdings nicht bekannt, was mit der Auffassung übereinstimmt, daß die γ-Strahlen durch den Anprall der β-Strahlen an feste Körper, z. B. an die radioaktive Substanz selbst, entstehen.

Strahlungsintensität ist. Mittels dieser elektrischen Methode können so winzige radioaktive Substanzmengen erkannt werden, daß selbst die Spektralanalyse daneben nur als ganz rohe Methode erscheint. J. J. Thomson schätzt die Radioaktivitätsbestimmung unter Umständen leicht 100 000-mal empfindlicher als die Spektralreaktion. Bestimmt man dann das Gesetz der Abklingung und damit die Halbierungskonstante, dann kann auch die Natur der radioaktiven Substanz festgestellt werden.

Es ist leicht verständlich, daß nur dann die genannte Konstante als charakteristisch und als sicheres Kennzeichen gelten kann, wenn die Radioaktivität eines Elementes unter allen Umständen dieselbe bleibt. Daß in der Tat die Radioaktivität eine Eigenschaft des Atoms ist und weder durch chemische noch physikalische Mittel beeinflußt werden kann, haben die Versuche in dieser Hinsicht zur Genüge gezeigt. Schon Frau Curie hatte diese Hypothese aufgestellt, und mit welchem Erfolg, das beweist die Entdeckung des Poloniums und Radiums.

Man kann wohl die Aussendung von langsamen β-Strahlen künstlich hervorrufen, doch braucht der betreffende Körper deshalb nicht radioaktiv zu sein; denn die Aussendung von β-Strahlen (Elektronen) bedingt keinen Atomzerfall. Charakteristisch für den Abbau des Atoms sind die α-Strahlen, welche Teilchen von Atomgröße repräsentieren, während die β-Strahlen aus Elektronen bestehen, die im Vergleich zu den kleinsten Atomen nur winzig sind. Es gibt allerdings Substanzen, die nachweislich zerfallen und nur β-, eventuell auch γ-Strahlen aussenden. Es ist aber möglich, daß sie sehr wohl α-Strahlen emittieren, die jedoch von so kleiner Geschwindigkeit sind, daß sie keine der uns bekannten Wirkungen auszuüben vermögen. Diese Auffassung findet ihre Stütze in neueren Untersuchungen Rutherfords, welche zeigen, daß α-Strahlen unterhalb einer gewissen Geschwindigkeit die photographische Platte nicht mehr schwärzen, auch keine Ionisation mehr hervorrufen. Dieser Umstand würde dann auch die sog. „strahlenlose“ Umwandlung gewisser

Körper erklären. Es scheint die Auffassung nicht ungerechtfertigt, daß die radioaktiven Körper α- und β-Strahlen zugleich aussenden, so daß auf je ein α-Teilchen ein β-Teilchen käme. Rutherford hat Versuche ausgeführt, um dies für den Fall des Radiums zu zeigen. Auch ein Versuch J. J. Thomsons dürfte die genannte Auffassung bestätigen. Wurde etwas Radium in einen Bleiblock von genügender Dicke eingeschlossen, um α- u. β-Strahlen zu absorbieren, dann nahm dieser keine Ladung an.

Danach wäre eine einseitige Radioaktivität, d. h. ein Aussenden von α- oder β-Strahlen allein, als scheinbar zu betrachten. Der Körper sendet beide Arten von Strahlen aus. Die einen besitzen aber eine so geringe Geschwindigkeit, daß sie die üblichen Wirkungen, an denen wir sie als radioaktiv erkennen, nicht mehr ausüben. In diesem Sinne scheint auch die Nachricht von der Auffindung sehr langsamer β-Strahlen[1] am Curieschen und Marckwaldschen Polonium nicht erstaunlich, obschon von jeher die reine α-Strahlung dieser Substanz hervorgehoben wurde.

Es ist nicht zu verkennen, daß von diesem Gesichtspunkte aus die Radioaktivitätsvergleichung verschiedener Substanzen durch Ionisation ungenau oder gar illusorisch wird, da es nicht nur auf die Zahl der α- und β-Teilchen, sondern auch auf deren Geschwindigkeit ankommt. Ein Körper, der sehr viele Strahlen, aber von geringer Geschwindigkeit aussendet, würde durch die „elektrische Methode“ als inaktiv befunden. Zur Identifizierung einer radioaktiven Substanz, d. h. zur Bestimmung der Radioaktivitätsabnahme, wird jedoch das Verfahren stets brauchbar sein, da in diesem Fall die Geschwindigkeit der Strahlen stets dieselbe bleibt, und nur die Zahl der ausgesandten Teilchen abnimmt.

Es ist zu bemerken, daß die α-Strahlen die weitaus stärkste ionisierende Wirkung ausüben. Diese sind es wahrscheinlich auch, welche den radioaktiven Körper durch das Anprallen an denselben erwärmen, so daß es nur ein geringer Teil der

---

[1] Man nennt diese langsamen Strahlen wohl auch etwa δ-Strahlen.

α-Teilchen ist, der wirklich abgeschleudert wird. Wird ein radioaktiver Körper derart in eine Hülle (Blei) eingeschlossen, daß diese alle Strahlen absorbiert, dann wird die in der Zeiteinheit entwickelte Wärme ein Maß für die Radioaktivität abgeben. Dieses Verfahren hätte den Vorteil, für α-Strahlen jeder Geschwindigkeit anwendbar zu sein. Es würde freilich der Handlichkeit der elektrischen Methode entbehren, die sich außerdem dadurch auszeichnet, daß sie auf die geringsten Substanzmengen anwendbar ist. Mit Radium läßt sich die Wärmeentwicklung leicht nachweisen. Genaue Bestimmungen haben ergeben, daß 1 g Radium pro Stunde 104 Kalorien entwickeln würde[1], während im gleichen Fall 1 g Uranoxyd in einem Jahr erst 0,032 Kalorien frei macht.

In ersterem Fall ist die Energieabgabe so bedeutend, daß es zunächst schwierig schien, dieselbe mit dem Gesetz von der Erhaltung der Energie in Einklang zu bringen. Die Wärmemengen, die hier zutage treten, sind ungeheuer viel größer als diejenigen, welche bei den heftigsten chemischen Reaktionen mit gleich großen Substanzmengen frei werden. Dabei hat das Radium die Merkwürdigkeit, seine Wirksamkeit trotz der starken Wärmeentwicklung nur sehr langsam einzubüßen, so daß eine Abnahme in den wenigen Jahren seit seiner Entdeckung überhaupt nicht bemerkt werden konnte. Auch eine Gewichtsverminderung des Radiums, welche doch das dauernde Aussenden von α-Strahlen erwarten läßt, ist bisher mit Sicherheit nicht festgestellt worden. Vom Standpunkte der Zerfallstheorie ist aber auch hier die dauernde Energieabgabe in einem allmählichen Freiwerden der innern Atomenergie zu suchen.

Dabei ist der Umstand zu berücksichtigen, daß das eigentliche Radium, dessen Halbierungskonstante aus der Menge und der Radioaktivitätsabnahme seiner Emanation zu etwa 1300 Jahren[2] berechnet worden ist, nur einen Teil der genannten Wärme entwickelt. Den weitaus größeren

[1] Nach neueren Messungen von Precht sogar 122 Kalorien.

[2] Rutherford gibt auf Grund neuerer Überlegungen die doppelte Zahl, nämlich 2600 Jahre an.

Beitrag liefern die Umwandlungsprodukte des Radiums, welche sich in demselben anhäufen. Man kann sich leicht davon überzeugen, indem man das Radium erhitzt. Dann bleibt nur noch eine Restaktivität von ungefähr 25%, die dem eigentlichen Radium zukommt. Indem dieses weiter zerfällt, häufen sich dann die Zerfallsprodukte von neuem an, und die Aktivität steigt wieder auf den früheren Wert.

Die Abbauprodukte des Radiums sind genauer auf ihre Strahlung und die Abnahme ihrer Aktivität untersucht worden. Es hat sich gezeigt, daß die Halbierungskonstanten sehr verschieden sind. Sie variieren von wenigen Minuten bis zu vielen Jahren. Für Radium D gibt Rutherford den Wert 40 Jahre. Dieses Produkt ist insofern bemerkenswert, als es sehr wahrscheinlich mit dem von Hoffmann und Strauß dargestellten Radioblei identisch ist. Das 7. Abbauprodukt des Radiums endlich, das Radium F, besitzt die Halbierungskonstante 143 Tage. Diese Tatsache hauptsächlich, dann auch die Eigenschaft des Radium F als Endglied der Reihe, sprechen dafür, daß dieser Körper mit dem Polonium identisch ist. Das letztere hat eine Konstante von 140 Tagen und besitzt ebenfalls kein radioaktives Abspaltungsprodukt. Sein Atomgewicht ist, seinen chemischen Reaktionen nach zu vermuten, ca. 210. Man kann somit sagen, daß die Zerfallsreihe vom Radium (225) bis zum Polonium (ca. 210) bekannt ist. Zu wünschen wäre, daß man alle die einzelnen Glieder auch chemisch abzutrennen vermöchte. Charakteristische Reaktionen waren lange Zeit nur für das Polonium bekannt. Es bezeichnet diese von Marckwald aufgefundene Methode ohne Zweifel den Rekord in der Abtrennung kleiner Beimengungen, indem hier aus Tonnen von Ausgangsmaterial mit Sicherheit wenige Milligramme Polonium abgeschieden werden konnten.

Bezüglich der Gewinnung der Zwischenprodukte dürften vielleicht die neueren Ausführungen von R. Lukas von Wert sein, welcher auf die Tatsache hinweist, daß die Abspaltungsprodukte des Radiums nach dem Polonium hin immer edler werden. Taucht man einen Wismutstab in eine Radiumlösung, so zeigt dieser ganz die Strahlung des Poloniums. Dies kann dadurch erklärt werden, daß das Wismut elektrochemisch edler ist als alle Zerfallsprodukte von Radium E an aufwärts, aber oxydabler als Radium F. Es schlägt sich aber immer das edlere Metall aus seiner Lösung auf das weniger edle nieder. Bekannt ist die Verkupferung eines Zink- oder Eisenstabes durch Eintauchen in Kupfersulfatlösung. Analog scheidet sich auch das Polonium beim Eintauchen eines Wismutstabes aus seiner Lösung ab, und man kann so das ganze Polonium gewinnen. Dies ist das ursprüngliche Marckwaldsche Verfahren[1].

Was die Natur des Poloniums betrifft, so ist es jedenfalls eines der bestbekannten, radioaktiven Elemente, wenn sein Atomgewicht und sein Spektrum auch noch nicht haben festgestellt werden können. Es ist besonders dadurch von Bedeutung, daß es wahrscheinlich überhaupt das Endglied der stark aktiven Stoffe bildet. Da das Abbauprodukt des Poloniums inaktiv ist, so konnte es sich im Laufe langer Zeiträume zu größeren Mengen ansammeln und muß daher ein bekanntes Element sein. Man ist diesbezüglich aber immer noch auf Vermutungen angewiesen. Man nimmt gegenwärtig an, daß das Polonium in Wismut (208) oder Blei (207) zerfällt. Dafür scheint auch das häufige Vorkommen des Bleies in radioaktiven Mineralien zu sprechen.

Während mit dem Polonium die Zerfallsreihe endet, findet sie keineswegs mit dem Radium ihren Anfang. Das Radium selbst ist wieder Zerfallsprodukt. Daraufhin deutet eine Reihe von Versuchen. Es ist viel wahrscheinlicher, daß das Uran der Stammvater (parent element) der radioaktiven Elemente ist. Dafür spricht schon sein alles überragendes Atomgewicht 238. Die Abspaltungsprodukte des Urans hat man zwar keineswegs weit verfolgen können. Man kennt nur das Uran und sein erstes Zerfallsprodukt, das Uran X. Man hat aber bemerkt, daß das Radium stets in Begleitschaft des Urans auftritt, was ganz mit der erwähnten Auf-

[1] Auf ähnliche Weise ist es neuerdings F. v. Lerch gelungen, das Radium C vom Radium B zu trennen.

fassung übereinstimmt. Noch mehr, man hat auch für das Mengenverhältnis des Radiums zum Uran in allen untersuchten Mineralien einen konstanten Wert gefunden, derart, daß immer ein Teil Radium auf eine Million Teile Uran kommt. Dies ist in der Tat nach der Zerfallstheorie nicht anders zu erwarten, falls man annehmen darf, daß die Mineralien bereits so alt sind, daß sie sich im radioaktiv-stationären Zustand befinden. Dieser ist dadurch ausgezeichnet, daß aus dem Uran unter Passierung von Zwischenstufen stets so viel Radium gebildet wird, als Radium zerfällt. Das Radium ist nun etwa eine Million mal aktiver als Uran und zerfällt infolgedessen im selben Verhältnis rascher wie letzteres. Wenn ein Teil Radium sich umwandelt, dann müssen immer eine Million Teile Uran vorhanden sein, um den verschwindenden Teil Radium zu ersetzen. Infolgedessen ist das Verhältnis von Radium zum Uran immer gleich $^1/_{1000000}$. Diese Zahl ist nun in der Tat von Strutt und Boltwood experimentell bestätigt worden.

Dies Beispiel zeigt, in welch einfacher und eleganter Weise die Zerfallstheorie die mannigfachsten Tatsachen zu erklären vermag. Nach ihr ist das dauernde Vorkommen der radioaktiven Substanzen das Resultat eines ewigen Werdens und Vergehens. Wir können heute und nach Jahren aus der Pechblende Polonium abscheiden, die beiden Präparate würden sich in nichts unterscheiden, und doch wird das Polonium, das wir nach einigen Jahren gewinnen, nicht mehr das heutige sein; denn dieses ist dann längst zerfallen. Es wird sich aber aus dem Radium eine entsprechende Menge nachgebildet haben. Dasselbe ist auch für das Radium anzunehmen; nur sind die Zwischenprodukte zwischen Uran und Radium kaum bekannt. Das Uran wäre dabei das einzige Element, das zerfällt, ohne nachgebildet zu werden. Der Zerfall desselben erfolgt aber so ungemein langsam, daß die Menge des vorhandenen Urans für lange Zeiträume als merklich konstant angesehen werden kann.

Die radioaktiven Abspaltungsprodukte desselben können dabei aber doch merklich sein. So ist es nach neueren Mitteilungen des englischen Physikers F. Soddy gelungen, direkt die Entstehung von Radium aus Uran nachzuweisen. Das Verfahren war folgendes: Soddy befreite zunächst 1 kg Urannitrat von den letzten Spuren von Radium, dessen vollständige Entfernung am Verschwinden der Radiumemanation erkannt wurde. Nach $1^1/_2$ Jahren zeigte sich nun, daß wieder eine beträchtliche Menge Emanation entstanden war, die sich durch ihre charakteristischen Eigenschaften als Radiumemanation qualifizierte. Die Menge des erhaltenen Gases war allerdings geringer, als nach der Berechnung erwartet worden war. Dies konnte zum Teil daher rühren, daß ein Teil der Emanation durch das entstandene Radiumsulfat zurückgehalten wurde. Es konnte dies aber auch mit dem Umstand zusammenhängen, daß man die unbekannten Zwischenglieder nicht in Berücksichtigung ziehen konnte. Jedenfalls ist durch die Versuche in qualitativer Hinsicht der Nachweis der Umwandlung von Uran in Radium erbracht, und bildet das Resultat eine neue Stütze für die Zerfallstheorie.

Über die Stellung des Aktiniums in der Zerfallsreihe war man lange Zeit in Unkenntnis. Anhaltspunkte dafür haben erst die neueren Versuche Boltwoods gegeben, wonach sich aus dem Aktinium Radiumemanation bildet. Berücksichtigt man ferner, daß das Aktinium, wie das Radium, stets in uranhaltigen Mineralien getroffen wird, dann scheint der Schluß gerechtfertigt, daß dieser Körper ein Zwischenprodukt zwischen Uran und Radium ist.

Was das schwach radioaktive Thor anbetrifft, so hat man bis jetzt ein Bindeglied mit einem der übrigen Radioelemente nicht gefunden. Nach seinem Atomgewicht 232 zu schließen, ist aber auch vom Thor zu erwarten, daß es in die Reihe zwischen Uran und Radium hineingehört. Dafür spricht auch der Umstand, daß es zumeist in Gemeinschaft mit diesen Elementen angetroffen wird. Noch unerklärt jedoch ist die Tatsache, daß uran-radiumhaltige Mineralien auch ohne Thor vorkommen, dessen Anwesenheit bei seiner Eigenschaft als Zwischenglied doch zu erwarten wäre.

Infolgedessen kann auch von einem konstanten Mengenverhältnis des Thors zum Uran in den betreffenden Mineralien keine Rede sein. Eine Erklärung dieses ausnahmsweisen Verhaltens steht gegenwärtig noch aus.

Es möge aber nicht unerwähnt bleiben, daß von einigen Seiten auch über die Auffindung inaktiven Thors berichtet worden ist. Dies könnte die Auffassung nahelegen, daß das Thor seine Aktivität einer geringen Beimengung einer stark aktiven Substanz verdanke. In diesem Falle wäre es dann möglich, daß das Atomgewicht dieses Körpers höher als das des Urans ist, womit sich die über das Vorkommen des Thors gemachten Beobachtungen erklären ließen. Nach neueren Versuchen von O. Hahn verliert aber auch diese Anschauungsweise ihre Berechtigung. Es hat sich zwar in der Tat gezeigt, daß das eigentliche Thor inaktiv ist und seine Wirksamkeit durch die Anwesenheit des Radiothoriums bedingt ist. Das letztere ist aber als Zerfallsprodukt des Thors aufzufassen, so daß sein Atomgewicht unter 232 liegen müßte. Die oben berührte Frage stellt sich somit der Atomzerfallstheorie von neuem zur Beantwortung. Die endgültige Lösung dieser Schwierigkeiten dürfte erst von weiteren Untersuchungen zu erwarten sein. Es wäre vor allem wichtig, die Stellung des Thors in der Zerfallsreihe, welche gegenwärtig nur durch das Atomgewicht gekennzeichnet ist, näher zu bestimmen. Dies würde dann gelingen, wenn man eine Brücke zwischen dem Thor und einem anderen bekannten Radioelemente durch Auffinden der Zwischenglieder nachweisen könnte. So weit ist man bis jetzt noch nicht gekommen. Doch sind immerhin eine Reihe von Zerfallsprodukten des Thors bekannt. Dasselbe gilt auch für das Aktinium. Nach Godlewski hat man die Reihen: Thor, Thor X, Thoremanation, Thor A, B und C, ferner Aktininim, Aktinium X, Aktiniumemanation, Aktinium A, B und C. Dazu kommen nun noch die von O.Hahn entdeckten Glieder: das Radiothorium und das Radioaktinium. Ersteres steht zwischen Thor und Thor X, letzteres entsprechend zwischen Aktinium und Aktinium X.[1] Sowohl das eigentliche Thor als das Aktinium selbst sind strahlenlos.

Nach allem ist ersichtlich, daß zwischen den beiden Zerfallsreihen weitgehende Analogien bestehen. Sehr augenfällig zeigt sich dies auch darin, daß die Glieder der Thor- und Aktiniumreihe in derselben Reihenfolge kommen, wenn man sie nach der Geschwindigkeit der von ihnen ausgesandten α-Partikel ordnet.

Im übrigen herrscht, was die Zusammensetzung der Strahlung anbelangt, große Verschiedenheit zwischen den einzelnen Thor- bzw. Aktiniumprodukten. Sofern sie nicht inaktiv sind, senden sie bald α-Strahlen allein, bald auch β- und γ-Strahlen aus. Des weiteren variieren die Halbierungskonstanten in weiten Grenzen. Die extremen Werte bilden Thor: 3 Milliarden Jahre und Aktiniumemanation: 3,7 Sekunden. Es ist bemerkenswert, daß keine der Reihen auf ein schon bekanntes radioaktives Element führt. In dieser Hinsicht ist es nur zu wünschen, daß immer neue radioaktive Substanzen gefunden werden, welche schließlich die Lücken ausfüllen.

Wie bereits bemerkt wurde, scheint die Zerfallsreihe mit dem Polonium abzuschließen. Dies legt die Auffassung nahe, daß nur die schweren Atome (Gewicht über 200) radioaktiv seien. Die Konfiguration derselben wäre als besonders instabil anzusehen, so daß die Atome verhältnismäßig rasch in stabilere Formen übergehen. Es ist aber die Frage nicht ungerechtfertigt, ob nicht auch die leichteren Atome radioaktiv sind, wenn auch in unvergleichlich viel geringerem Maße. Die Natur hat stets gezeigt, daß die Eigenschaften der Materie allgemeine sind, und daß die Unterschiede, die wir bemerken, nur dem Grade nach bestehen. Manche Eigenschaften können sogar in so geringem Maße vorhanden sein, daß wir sie übersehen und die Dinge in solche, welche die Eigenschaft besitzen, und solche, die sie nicht besitzen, einteilen. Ein gutes Beispiel dafür dürften die magnetischen Erscheinungen abgeben. Glaubte man doch früher, daß

[1] Neuerdings kommen O. Hahn und G. A. Blanc zum Schluß, daß zwischen dem eigentlichen Thor und dem Radiothorium noch ein weiteres und zwar strahlenloses Zwischenglied sich befinde.

nur Eisen und die wenigen Elemente der Eisengruppe magnetisch seien. Später hat man einsehen gelernt, daß noch eine Unmenge von Körpern sich magnetisch verhielt, wenn auch in ungeheuer viel geringerem Maße. Ein magnetisches Verhalten zeigen eigentlich alle Körper, indem die einen Paramagnetismus (Eisen), die andern Diamagnetismus aufweisen. Liegt hier der Gedanke nicht nahe, daß die Körper sich mit Rücksicht auf die Radioaktivität analog verhalten? Danach wäre es wahrscheinlich, daß zwar die hochatomigen Substanzen starke Radioaktivität zeigen (entsprechend dem Ferromagnetismus), daß die leichteren Atome aber ebenso, wenn auch viel langsamer, zerfallen. Ein dem Diamagnetismus entsprechendes, gegensätzliches Verhalten, daß die Atome sich allmählich auch wieder aufbauen, hat allerdings nicht beobachtet werden können, und haben Anschauungen in dieser Richtung noch zu sehr hypothetischen Charakter. Einige Tatsachen, welche für den Zerfall auch der leichteren Atome sprechen, mögen jedoch nicht unerwähnt bleiben. Hier sind hauptsächlich die Versuche von Mc Lennan und Burton zu nennen, aus welchen hervorgeht, daß wahrscheinlich alle Metalle in geringem Maße α-Strahlen aussenden. Damit im Einklang ist die Beobachtung, daß die Ionisierung von Gasen in geschlossenen Gefäßen von der Natur der Gefäßwand abhängt. Auch die Möglichkeit der „strahlenlosen" Umwandlung macht es wahrscheinlich, daß viele unserer bekannten Substanzen zerfallen, und daß wir ihre Umwandlung, weil sie ohne Bequerelstrahlen erfolgt, eben einfach noch nicht bemerkt haben.

Zum mindesten scheint also die Auffassung der Radioaktivität als allgemeine Eigenschaft der Materie nicht ungerechtfertigt. Damit verbunden wäre dann die Vorstellung, daß alle Materie aus einem Urstoff aufgebaut sei und ihr Werdegang einer Rückbildung in diesen Urstoff gleichkomme. Die berührten Fragen des näheren erörtern zu wollen, hieße aber, den Untersuchungen auf radioaktivem Gebiet vorgreifen zu wollen. Es bleibt in der Tat erst noch abzuwarten, inwieweit die erwähnten Anschauungen durch die künftigen Forschungsergebnisse sanktioniert werden!

3

Über Elektrizität und Materie.

(Elektronentheorie.)

Die Frage nach dem Wesen der Materie ist wohl so alt wie der denkende Menschengeist überhaupt. Wenn sie bis heute nicht gelöst worden ist, so kann dies an verschiedenen Umständen liegen. Vielleicht hat man über die Frage noch zu wenig nachgedacht, oder es sind unsere Kenntnisse von den Naturerscheinungen noch zu unvollkommen. Es ist aber auch möglich, daß wir vermöge unserer besonderen Geistesbeschaffenheit niemals das Wesen der Materie erkennen können. Wäre letzteres der Fall, so könnte unsere vollkommenste Naturerkenntnis auch nie zur Lösung der Frage führen, sie gäbe uns immer nur Anschauungen über die Materie. In diesem Fall, den wir nicht als unwahrscheinlich betrachten dürfen, wäre die Frage in der Form, wie sie gestellt ist, eine müßige.

Es hat sich nun von jeher gezeigt, daß es auf eine richtige Fragestellung ankommt, wenn wir Fortschrite in unserer Erkenntnis machen wollen. Auch hier dürfte dies der Fall sein. Wenn wir fragen: „Welches sind die Anschauungen über die Materie, zu welchen wir auf Grund unserer Naturerkenntnis kommen?" so verlangen wir eine unter allen Umständen mögliche Erklärung. Es ist klar, daß, je größer unsere Kenntnis von der Mannigfaltigkeit der Naturerscheinungen ist, um so größeren Ansprüchen auch die Vorstellungen über Materie genügen müssen. Denn diese müssen auf alle Fälle mit allen bekannten Tatsachen verträglich sein. Wir sind also genötigt, unsere Vorstellungen immer genauer an die Gesamtheit der Naturvorgänge anzupassen; denn dieser Gesamtheit nähern wir uns doch offenbar bei der fortwährenden Erweiterung unseres Tatsachenmaterials. Was man in der Frage der Materie wie auch anderer naturwissenschaftlicher Begriffe also sicher erhoffen kann, das sind Anschauungen, welche durchwegs mit unserer Naturerkenntnis im Einklang sind. Wenn wir dabei die Natur bildlich und vielleicht nicht ihrem Wesen nach erkannt haben, so muß diese Lösung der Frage dem Menschengeist vielleicht genügen.

Unsere naturwissenschaftlichen Kenntnisse sind nun in den letzten Jahrzehnten um ein Erhebliches angewachsen. Ich erinnere bloß an die Auffindung der verschiedenen Strahlenarten: Kathoden-, Röntgen- und Becquerelstrahlen, ferner der elektrischen Wellen. Eine solche Erweiterung unseres Wissens konnte daher nicht ohne Einfluß bleiben auf unsere Anschauungen über Materie und Elektrizität. Man hat insbesondere erkannt, daß diese beiden Dinge nicht, wie man früher annahm, ganz wesensverschieden sind, und daß die Fragen nach der Elektrizität und der Materie keineswegs koordinierte und gleichschwierige Aufgaben bedeuten.

Unsere einstigen Anschauungen von der Materie waren gänzlich von unserer Kenntnis in der Mechanik und Wärme getragen. Die heutigen sind ganz und gar dadurch gekennzeichnet, daß sie auf den elektrischen Erscheinungen basieren.

Es würde zu weit führen, die bisherigen Anschauungen in ihrer historischen Entwicklung darzustellen. Wir müssen uns hier mit einigen kurzen Angaben begnügen.

Da ist zunächst der Begriff des Moleküls als kleinstes, frei existierendes Massenteilchen. Danach hat man sich die Materie nicht als kontinuierlich, sondern als ein Aggregat von solchen kleinsten Individuen vorzustellen. Man kam dazu durch die Vorstellung über Gase, die man als aus schnell und unregelmäßig bewegten Molekülen bestehend annimmt. Die großen Triumphe der kinetischen Gastheorie bestärkten nur in diesen Vorstellungen. Die flüssigen und festen Körper waren dann konsequenterweise als Agglomerate von Molekülen aufzufassen. Die Wärme der Körper bestand in der mehr oder weniger starken Oszillation der Moleküle um ihre Gleichgewichtslage. Je höher die Temperatur, um so stärker und ausgedehnter mußte die Bewegung der einzelnen Moleküle sein. So erklärte sich die Ausdehnung der Körper mit steigender Temperatur. Auch die optischen Erscheinungen sind mit diesen Vorstellungen, die heute noch beinahe unverändert beibehalten werden, gut vereinbar. Wie sollte man die Lichtdurchlässigkeit vieler Substanzen erklären, wenn die Materie ein Kontinuum und zwischen den Molekülen kein freier Raum wäre? Die Theorie der Wellenbewegung hat allerdings dazu geführt, die Existenz eines Mediums anzunehmen, das sowohl die Zwischenräume der Moleküle als den „leeren" Raum ausfüllt. Wenn man annimmt, daß physikalische Kräfte nicht aus der Ferne, sondern nur von Punkt zu Punkt wirken (Nahewirkungstheorie), so muß die Existenz dieses „Äthers" postuliert werden. Wenn wir einen Fixstern betrachten, so empfinden wir das Licht, das vor Jahren dort ausgestrahlt worden ist und während dieser Zeit sich im „leeren" Raum befunden haben muß. Die Lichtwellen mußten an einem Träger gehaftet haben, vermöge dessen sie sich von Punkt zu Punkt durch den Raum fortpflanzten. Dieser Träger muß gewichtlos gedacht werden, da sonst, wie wir tagtäglich an unseren irdischen Körpern sehen, das Licht allmählich absorbiert würde und also kosmische Entfernungen gar nicht durcheilen könnte. Der Äther muß aber auch vollkommen elastisch sein, da sonst die Lichtwellen gedämpft und dadurch ebenfalls ausgelöscht würden. Die dritte und letzte Eigenschaft muß die vollständige Widerstandslosigkeit des Äthers sein, da die Materie ohne Geschwindigkeitseinbuße denselben durcheilt.

Wir kennen allerdings keine Materie, welche auch nur annähernd die drei Eigenschaften in sich vereinte, welche wir dem Äther zuschreiben. Man hat sich aber mit der Existenzberechtigung dieses Äthers abgefunden, da man dadurch instand gesetzt wurde, alle Wellenerscheinungen, die optischen und elektrischen, aus den allein verständlichen Nahwirkungen abzuleiten. Man erinnere sich an die Fresnelsche Theorie des Lichtes, welche in befriedigender Einheit die kompliziertesten, optischen Erscheinungen unter einen Gesichtspunkt zusammengefaßt hat. Wenn man dann schließlich die Undulationstheorie, welche die Wellenbewegungen als Schwingungen von Ätherteilchen betrachtete, verließ und an ihre Stelle die elektromagnetische Lichttheorie Maxwells setzte, so geschah dies, weil man die Identität der optischen und elektrischen Wellen erkannte. Seitdem Hertz die letzteren zum erstenmal experimentell festgestellt und die optischen Gesetze an ihnen nachgewiesen hat, ist die Maxwellsche Theorie zu allgemeiner Anerkennung gelangt. Auch hier ist der Äther unentbehrlich. Doch werden die Ätherbewegungen nicht mehr materiell aufgefaßt, sondern sind Schwingungen elektrischer und magnetischer Kräfte, und dies sowohl für die Licht- als die Hertzschen Wellen. Ihr physikalischer Unterschied besteht nur in der Wellenlänge. Gruppiert man die Ätherschwingungen nach absteigender Wellenlänge, dann kommen zunächst die elektrischen Wellen, dann die Wärme-, Licht- und chemischen Strahlen, denen wahrscheinlich als kürzeste Wellen die Röntgen- und γ-Strahlen noch beigefügt werden müssen.

Über das Wesen des Äthers sind die mannigfachsten Vorstellungen laut geworden. Sie wurden namentlich dazu benutzt, um neue Anschauungen über die Materie zu gewinnen. Die diesbezüglichen Ausführungen mancher bedeutender Forscher[1] sind sehr bemerkenswert, sollen aber ihres hypothetischen Charakters wegen hier nicht wiedergegeben werden. Auch die Frage nach der Existenz des Äthers können wir hier nicht erörtern, wenn auch die verschiedenartigsten Betrachtungen darüber ausgeführt worden sind. Wir müssen uns mit dem Hinweis darauf begnügen, daß es uns die Äthertheorie ermöglicht hat, die den Menschengeist allein befriedigende Nahwirkungslehre überall durchzuführen und zunächst so verschieden scheinende Gebiete wie Optik, Elektrizität und Magnetismus unter einen Gesichtspunkt zusammenzufassen.

[1] H. Poincaré gibt in seinem Buch „Wissenschaft und Hypothese“ 1904 eine kurze Darstellung p. 169.

Dies bedeutet eine der größten Errungenschaften des vergangenen Jahrhunderts auf naturwissenschaftlichem Gebiet. Die Existenz des Äthers ist damit nicht bewiesen, doch immerhin sehr nahegelegt.

Auch bei unseren heutigen Vorstellungen können wir des Äthers nicht entraten. Was sich hingegen merklich geändert hat, das sind die Vorstellungen über die Konstitution der Materie. Ein erster Fortschritt in dieser Hinsicht war zu verzeichnen, als die Chemie die Zusammengesetztheit des Moleküls nachwies. Meist wird an dem Experiment, daß ein Volumen Wasserstoff und ein Volumen Chlor sich zu zwei Volumen Chlorwasserstoff und nicht bloß zu einem verbinden, dargetan, daß ein Wasserstoff- bzw. Chlormolekül aus mindestens zwei Atomen bestehen muß. Daraus folgt dann in ähnlicher Weise die Konstitution der übrigen Elemente und chemischen Verbindungen als Atomaggregate, wobei allerdings ein Molekül auch nur aus einem Atom bestehen kann.

Einen neuen Fortschritt bedeutete die Erklärung der Elektrolyse (Stromleitung in Flüssigkeiten), da diese dazu führte, den Begriff der Elektrizität mit dem der Materie in Beziehung zu setzen. Um die Faradayschen, elektrolytischen Gesetze zu erklären, nimmt die moderne Arrheniussche Theorie an, daß ein Teil der Moleküle eines Elektrolyten „ionisiert" (dissoziiert) seien. Haben wir eine wässerige Kochsalzlösung, so ist ein Teil der Chlornatriummoleküle NaCl in die elektrisch geladenen Teile (Ionen) Na (+) und Cl (—) gespalten, die sich frei in der Lösung bewegen und der kleinsten elektrischen Kraft zu folgen vermögen. Dadurch, daß die Ionen an die Elektroden wandern und sich dort entladen, wobei zum Ersatz immer entsprechend viel neue Moleküle sich ionisieren, kommt die Stromleitung im Elektrolyten zustande. Die elektrolytische Trennung der Moleküle kann dabei ganz verschieden sein von derjenigen, welche man als chemische Dissoziation bezeichnet. Der Salmiak NH_4Cl zerlegt sich beim Erhitzen in NH_3 (Ammoniak) und HCl (Salzsäure). In Wasser spaltet er sich in die in freiem Zustand unbekannten Ionen NH_4 (+) und Cl (—). Je nach dieser Spaltung sind dann die Produkte der Elektrolyse, die an den Elektroden auftreten, verschieden.

Die berührten Anschauungen sollen hier nicht weiter ausgeführt werden. Sie mögen zeigen, in welcher Weise man die Elektrizität zu der Materie in Beziehung setzte. Unter Berücksichtigung, daß ein Molekül elektrisch neutral ist, mußte man zur Vorstellung kommen, daß es ein Elementarquantum der Elektrizität gebe, und daß die Ladung aller Ionen gleich diesem Elementarquantum oder einem Multiplum desselben sei. Denn, angenommen, wir haben HCl (Salzsäure) und Cl besitze ein Quantum negativer Elektrizität, so ist H mit ebensoviel positiver verbunden. Nun kann aber H durch Na ersetzt sein (NaCl Kochsalz). Damit dieses Molekül wieder neutral sei, muß Na so viel Ladung besitzen wie H. Diese Schlußweise läßt sich auf alle Ionen anwenden, so daß man zum Begriff des Elementarquantums der Elektrizität kommt, der eine auffallende Ähnlichkeit mit dem des elementaren Massequantums, dem Atom, hat. Man spricht daher von einem Atom Elektrizität und bezeichnet diese Auffassung der Elektrizität als eine atomistische. In diesen Anschauungen ist man durch die neueren Forschungen auf elektrischem Gebiete nur bestärkt worden, wenn jene im einzelnen auch noch bedeutend modifiziert werden mußten.

Bemerkenswert ist die Tatsache, daß auch auf anderem Gebiete schon erfolgreich mit der Annahme von Molekülen als Träger elektrischer Ladungen gerechnet wurde. So nimmt eine der Dispersionstheorien, welche alle die Bestimmung des Brechungsindex als Funktion der Wellenlänge zum Ziel haben, an, daß die beiden entgegengesetzten Ladungen des Moleküls in Schwingungen seien, indem sie abwechselnd ihre beiden Orte (die Dipole) in rascher Schwingung vertauschen.

Die Vorstellungen von Elektrizität und Materie in ihren Beziehungen zu vervollständigen und zu fixieren, das war das Resultat der neueren Forschungen auf dem Gebiet der Elektrizitätsentladung in Gasen. Es waren namentlich die Kathodenstrahlen, welche den Anstoß zu den neuen Anschauungen gaben, die den Grund der Elektronentheorie bilden sollten. Es ist zu verstehen, daß man die Kathodenstrahlen zunächst unter die Kategorie der Ätherwellen unterzubringen suchte, bis dann die Crookessche Hypothese, die Kathodenstrahlen seien Strahlen von Korpuskeln, die Oberhand gewann. Der Zustand der „strahlenden Materie", welcher in den Kathodenstrahlen realisiert ist, wurde als vierter Aggregatzustand bezeichnet, da man annahm, daß dieser so weit über dem gasförmigen Zustand hinausliege, als letzterer über dem flüssigen. Es zeigte sich allerdings in der Folge, daß die Korpuskeln nicht die noch im evakuierten Glasgefäß verbliebenen Restatome sein können, noch etwa von den Elektroden losgerissene Teilchen. Es wurde vielmehr gefunden, daß die Eigenschaften der Kathodenstrahlen unabhängig von Gas und Elektrodenmaterial sind. Dies schien zunächst besser mit der Vorstellung von Ätherschwingungen übereinzustimmen. Auch die Wärmewirkung, die mechanische Einwirkung (Bewegung eines Flugrädchens) und die geradlinige Fortpflanzung ließen sich ebensogut von der Äthertheorie aus erklären. Der Nachweis aber, daß die Kathodenstrahlen negative Ladung mit sich führen und magnetisch sowohl als elektrisch abgelenkt werden, sprach entschieden für die Crookessche Korpuskulartheorie.

Es ist nicht zu verkennen, daß diese Anschauungen ein Wiederaufleben der längst überwunden geglaubten Newtonschen Emissionstheorie des Lichtes in neuer Form bedeutete. Doch ging die moderne Korpuskulartheorie weiter, indem sie der Frage nach dem Wesen der Kathodenstrahlteilchen näher trat. Zu einer Lösung der Frage führten die Ausmessungen der magnetischen und elektrischen Ablenkung, welche durch bekannte magnetische und elektrische Feldintensitäten hervorgerufen werden. Die mathematische Entwicklung, welche unter Berücksichtigung dieser Daten, die Geschwindigkeit sowohl als das Verhältnis der Ladung zur Masse eines Korpuskels berechnen läßt, muß hier übergangen werden. Man fand, daß die Geschwindigkeit der negativ geladenen Teilchen etwa ein Zehntel Lichtgeschwindigkeit betrug. Die Ladung und Masse eines Teilchens einzeln zu berechnen, gestatteten jedoch die Versuche nicht. Es lag aber die Vermutung nahe, daß erstere dieselbe wie die eines elektrolytischen Ions sei, indem man die atomistische Anschauung der Elektrizität auch auf die Gase ausdehnte. Diese Ansicht wurde dadurch gestützt, daß Thomson und Wilson die Ladung eines Gasions ermittelten und beinahe dieselbe Zahl fanden, welche sich für das elektrolytische Elementarquantum der Elektrizität ergeben hatte. Indem man jedes Kathodenstrahlteilchen ebenfalls mit einem Atom Elektrizität behaftet annahm, konnte man die Masse eines Teilchens berechnen. Diese wurde rund gleich ein Tausendstel eines Wasserstoffatoms gefunden.

Danach mußte man annehmen, daß es noch bedeutend kleinere Teilchen als die Atome gebe. Infolgedessen konnte man die letzteren auch nicht mehr als unteilbar ansehen; sie mußten vielmehr Aggregate von noch kleineren Teilchen, die man Korpuskeln oder Elektronen nannte, sein. Es ist insbesondere J. J. Thomson, der diese Elektronentheorie, welche unsere heutigen Anschauungen über Elektrizität und Materie beherrscht, begründete. Damit ließen sich nun die Eigenschaften der Kathodenstrahlen einheitlich erklären. Zugleich wurden auch die lichtelektrischen Erscheinungen dem Verständnis näher gebracht. Trifft ultraviolettes Licht auf ein Metall, so verliert dieses negative Elektrizität, weil es unter der Bestrahlung negativ geladene Elektronen aussendet. Die Geschwindigkeit derselben hängt von der Stärke des elektrischen Feldes um das Metall herum ab. Ihre Masse wurde gleich derjenigen der Kathodenstrahlenteilchen gefunden. Es besteht somit der lichtelektrische Effekt im Aussenden langsamer Kathodenstrahlen.

Auch die Masse der von den radioaktiven Substanzen ausgesandten β-Strahlen, welche als äußerst rasche Kathodenstrahlen zu betrachten sind, ist bestimmt worden. Durch das sinnreiche Verfahren der gleichzeitigen magnetischen und elektrischen Ablenkung hat W. Kaufmann ferner nachgewiesen, daß das Verhältnis der elektrischen Ladung zur Masse eines β-Teilchens mit der Geschwindigkeit variiert, und zwar abnimmt. Nun wurde man vor die Wahl gestellt, entweder die Ladung oder die Masse eines Elektrons als veränderlich mit der Geschwindigkeit anzusehen. Wollte man die atomistische Anschauung der Elektrizität beibehalten — und für deren Richtigkeit sprachen alle Versuche —, so mußte man die Masse als variabel ansehen. Da uns veränderliche Massen nicht bekannt sind, so kam man zur Vorstellung, daß die Elektronen mindestens zum Teil nur scheinbare Masse besitzen. Je größer die Geschwindigkeit eines Elektrons ist, um so größer ist auch seine scheinbare Masse. Die mathematische Elektronentheorie hat gezeigt, daß man mit der Annahme, die ganze Masse des Elektrons sei scheinbar, auskommt. Danach besitzt das Elektron nur elektromagnetische Masse, d. h. es besitzt Trägheit vermöge seiner rasch bewegten Ladung. Die magnetischen und elektrischen Kräfte müssen Arbeit leisten, wenn sie ein Elektron in seiner Geschwindigkeit oder Bahn beeinflussen wollen. Die gleiche Eigenschaft der Trägheit kennzeichnet aber auch die Bewegung der „wirklichen" Masse. Wir können daher begreifen, daß uns die Trägheit eines Elektrons als Masse erscheint, wobei es auch verständlich ist, daß diese von der Geschwindigkeit abhängt. Theorie und Versuche zeigen übereinstimmend, daß die Masse bis zu etwa der halben Lichtgeschwindigkeit merklich konstant bleibt, sodann langsam wächst und bei 99,9% Lichtgeschwindigkeit bei dem fünffachen Betrage angelangt ist. Bei Lichtgeschwindigkeit muß sie unendlich werden.

Alle diese Untersuchungen ergaben das Resultat, daß die Elektronen negativ geladene Teilchen sind. Analoge Strahlen positiver Teilchen zu finden ist nicht gelungen. Wohl hat man die den Kathodenstrahlen analogen, positiven Strahlen gefunden, welche von Goldstein mit dem Namen „Kanalstrahlen" belegt worden sind. Es hat sich jedoch gezeigt, daß die bewegten Teilchen zwar das positive Elementarquantum der Elektrizität mit sich führen, daß ihre Masse aber von der Größenordnung der Atome ist. Dasselbe ist von den α-Strahlen der radioaktiven Substanzen zu berichten, welche als sehr rasche Kanalstrahlen aufzufassen sind. Dies hat zur Anschauung geführt, daß nur die negativen Elektronen frei existieren können, die positiven Ionen jedoch Atome (Moleküle) sind, aus deren Verband ein oder mehrere Elektronen ausgetreten sind. Die Ionisation der Gasmoleküle besteht daher im Abtrennen von Elektronen. Das Resultat sind positive Ionen (Restatome) und negative Ionen, welche aus Elektronen bestehen, die sich zum Teil wieder an neutrale Moleküle angelagert haben.

Um Gase zu ionisieren, ist Energie erforderlich. Diese kann geliefert werden durch Bestrahlung mit ultraviolettem Licht, Röntgen- und γ-Strahlen, dann aber namentlich durch „strahlende" Ionen. Als solche bezeichnet man diejenigen Ionen, deren Geschwindigkeit genügend groß ist, um durch Stoß neutrale Moleküle zu ionisieren. Die erste Gruppe derselben bilden die strahlenden Elektronen: die Kathoden- und β-Strahlen. Auch die langsamen Elektronen, welche unter der Bestrahlung mit ultraviolettem Licht insbesondere aus Metallen austreten, können durch ein genügend starkes, elektrisches Feld die zur Ionisation erforderliche Geschwindigkeit erlangen. Die positiven, strahlenden Ionen werden repräsentiert durch die Kanal- und α-Strahlen. Diese besitzen vermöge ihrer großen Masse die größere Energie. Sie ionisieren daher stärker als die strahlenden Elektronen.

Die strahlenden positiven Ionen verlieren durch Ionisation an Geschwindigkeit (Rutherford) und vermögen unterhalb eines gewissen Wertes derselben nicht mehr zu ionisieren. Sie werden zu „gewöhnlichen" Ionen. Solche langsame, positive Ionen können z. B. von erhitzten Metallen ausgehen. Dies wird daran erkannt, daß diese nur positive, nicht aber negative Elektrizität verlieren.

Die zur Ionisation erforderliche Geschwindigkeit kann den Ionen auch künstlich erteilt werden, indem man sie der Wirkung eines genügend starken, elektrischen Feldes aussetzt. Das gewöhnliche Ion erhält dabei die Eigenschaft des strahlenden Ions. Als Beispiel haben wir bereits die Elektronen des lichtelektrischen Effektes genannt. Auch die

Enstehung des elektrischen Funkens läßt sich dadurch erklären. Die in der Luft immer in geringem Maße vorhandenen Ionen werden durch eine genügend große elektrische Spannung so sehr beschleunigt, daß neue Ionen gebildet werden, welche ihrerseits wieder durch Stoß ionisieren und schließlich zu der Massenbildung von Ionen Veranlassung geben, welche den Funkenübergang ermöglicht. Diese Theorie des Ionenstoßes ist von Townsend entwickelt worden. Sie hat eine große Reihe von Tatsachen auf dem Gebiet der Elektrizitätsentladung zu erklären vermocht, unter anderem die mannigfachen Lichterscheinungen im Geißlerrohr (Glimmlicht).

Selbst in die Entstehung des Lichtes konnten an Hand der Elektronentheorie neue Einblicke gewonnen werden. Jeder, der schon mit der Spektralanalyse von Gasgemischen zu tun hatte, weiß, daß das Spektrum des leuchtenden Gases ganz verschieden ausfällt, je nach der Art der elektrischen Entladung (ob mit Kondensator, Selbstinduktion usw.). Bald tritt mehr das Linienspektrum hervor, bald sind die verwaschenen Streifen vorherrschend, welche unter dem Namen „Banden“ bekannt sind. Nach den Untersuchungen von J. Stark ist es nun wahrscheinlich, daß die positiven Ionen die Träger des Linienspektrums sind, und daß die Banden bei der Wiedervereinigung der positiven Ionen mit Elektronen zu neutralen Molekülen zustande kommen. Die Versuchsresultate stimmen bis ins Einzelne mit dieser Auffassung überein.

Es möge hier nicht vergessen werden, daß gerade in der Optik die Elektronentheorie Hervorragendes geleistet hat, indem viele Tatsachen, die einen Platz in der ursprünglichen Maxwellschen Äthertheorie nicht fanden, sich ungezwungen erklären ließen. Es war der holländische Physiker Lorentz, der zuerst die Bewegung der Ladungen im Atom (der Elektronen) in den Kreis seiner Betrachtungen zog. Dadurch wurde es möglich, so verwickelt scheinende Tatsachen wie das Zeemannphänomen zu erklären. Hat man ein leuchtendes Gas und setzt dieses der Wirkung eines magnetischen Feldes aus, dann verdoppeln oder vervielfachen sich die Linien des

Spektrums. Es sei hier der einfachste Fall kurz erörtert, wo das Magnetfeld in derselben Richtung wirke, in welcher das leuchtende Gas beobachtet wird. Jedes Atom sendet Lichtschwingungen aus. Diese werden dadurch erregt, daß ein Elektron oder mehrere im Atom schwingen. Man hat sich dies etwa so vorzustellen, daß das positive Restatom relativ unbewegt ist und die negativen Elektronen dasselbe umkreisen. Je nach der Schwingungsperiode ist die Wellenlänge des emittierten Lichtes eine verschiedene. Nehmen wir als einfachsten Fall ein Elektron, das in einem Kreis schwinge, dessen Ebene senkrecht zur Beobachtungsrichtung sei. Es werde nun ein Magnetfeld in derselben Richtung erregt, dann wird auf das Elektron nach den elektromagnetischen Gesetzen eine Kraft ausgeübt in Richtung des Radius der Kreisbahn, entweder nach dem Zentrum zu oder von ihm weg. Die ausgeübte magnetische Kraft, die einer Vermehrung oder Verminderung der Zentripetalkraft entspricht, wird infolgedessen die Schwingungsperiode des Elektrons und damit die Wellenlänge des Lichtes verändern. Die Spektrallinie wird daher um einen gewissen Betrag verschoben. Nun sind aber die Schwingungen eines Elektrons im allgemeinen nicht kreisförmig, sondern elliptisch. Jede elliptische Schwingung läßt sich aber als Superposition zweier entgegengesetzter Kreisbewegungen von gleicher Schwingungsdauer betrachten. Es läßt sich verstehen, daß die eine durch das Magnetfeld verzögert, die andere beschleunigt wird. Man erhält daher zwei neue Spektrallinien, welche links und rechts von der ursprünglichen liegen.

Die Verhältnisse sind nun nicht immer so einfach, wie hier angenommen. Es ist leicht zu verstehen, daß bei beliebiger Richtung des Magnetfeldes in bezug auf die Beobachtungsrichtung die Erscheinungen und mit ihnen auch die theoretischen Betrachtungen komplizierter werden. Der eben behandelte einfache Fall möge deshalb genügen, um die Leistungsfähigkeit der Elektronentheorie auch auf optischem Gebiete darzutun. Besondere Versuche haben auch hier gezeigt, daß die Ladung des schwingenden Elektrons negativ ist. Ferner hat man das oben erwähnte Verhältnis der Ladung zur Masse eines Elektrons annäherungsweise bestimmen können. Es ergab sich von derselben Größe wie für die Kathodenstrahlen. So hat sich denn die Auffassung vom Elektron als Baustein der Atome von den verschiedensten Seiten her bestätigt. Sowohl die optischen Erscheinungen als die elektrischen führen zu denselben Grundanschauungen.

Auch die Erscheinungen an flüssigen und festen Körpern finden vom Standpunkt der Elektronentheorie aus eine einheitliche Erklärung. Zunächst scheint allerdings die Elektrizitätsleitung in Flüssigkeiten mit der in Gasen nichts gemeinsam zu haben. Die erstere kennzeichnet sich durch die Zersetzung der Flüssigkeiten, letztere geht ohne merkliche chemische Veränderungen vor sich. Es läßt sich aber leicht verstehen, daß für den Elektrolyten die Elektronen ebenso maßgebend sind, wie für die Ionisierung der Gase. Daß die Ionen anderer Natur sind, das hängt von den Begleitumständen ab. Zunächst sei die Tatsache in Berücksichtigung gezogen, daß die Metalle negative Elektronen aussenden unter der Belichtung mit ultraviolettem Licht, und dies im allgemeinen um so stärker, je reaktionsfähiger die Metalle in chemischer Hinsicht sind. D. h. mit dem elektropositiven Charakter des Metalls wächst auch die Fähigkeit, Elektronen auszusenden. So ist für das Natrium und Kalium das Emissionsvermögen schon bei Bestrahlung mit gewöhnlichem Licht beträchtlich. Rubidium endlich sendet schon unter dem Einfluß eines kaum glühenden Glasstabes Elektronen aus. Nun hängt aber die Leichtigkeit, mit welcher Elektronen sich lostrennen, von den Begleitumständen ab. Es ist anzunehmen, daß die Trennung in den Elektrolyten spontan erfolgt. Haben wir wieder, wie oben, Chlornatrium (NaCl) in wässeriger Lösung, so trennt sich ein Elektron vom Natrium ab. Dieses heftet sich an den Säurerest Cl, und wir haben die bekannten elektrolytischen Ionen Na und Cl. Danach hängt es von der Leichtigkeit ab, mit welcher sich die Elektronen vom Metall unter den betreffenden Umständen abtrennen, in welcher Menge die Ionen vorhanden sind und in welchem Maße infolgedessen der Elektrolyt leitet.

Ein direkter Zusammenhang zwischen Elektrolyten und Elektronen läßt sich übrigens auch daraus ersehen, daß die Leitfähigkeit der ersteren durch Becquerelstrahlen erhöht werden kann. Durch die strahlenden Elektronen (β-Strahlen) wird die Abspaltung von Elektronen und damit die Ionenbildung vermehrt. Die Einwirkung ist verhältnismäßig gering und daher nur bei sehr schwach leitenden Flüssigkeiten merklich.

In gleicher Weise erlangen auch feste Körper durch Bestrahlung mit Radium eine vorübergehende Erhöhung ihrer Leitfähigkeit, welche nach Aufhören der Bestrahlung, wie bei den Gasen, rasch wieder verschwindet. Wie dort ist die Einwirkung im Abtrennen von Elektronen zu suchen. Dies legt es schon nahe, daß auch im festen Körper die Elektronen die entscheidende Rolle spielen. In der Tat ist die Anschauung die, daß im festen Leiter (Metall) eine bestimmte Anzahl von Elektronen frei ist und daher der Wirkung jeder elektrischen Kraft zu folgen vermag. Die positiven Restmoleküle sind unbeweglich und nehmen folglich an der Elektrizitätsleitung nicht teil. Je stärker die elektrische Spannung ist, die an einen Metalldraht angelegt wird, um so schneller bewegen sich die Elektronen, um so stärker ist der elektrische Strom. Unter sonst gleichen Umständen ist dieser um so größer, je mehr freie Elektronen im Metall vorhanden sind. Es muß dementsprechend schon die Leitfähigkeit der verschiedenen Metalle eine verschiedene sein.

Diese Vorstellungen vom Fließen der Elektronen bedeuten nun nichts anderes als ein Wiederaufleben der schon längst als veraltet bezeichneten Fluidumstheorien in modernem Gewande und zeigen aufs neue, daß oft in alten, in Konkurs geratenen Theorien ein ganz lebenskräftiger Kern steckt. Die Anschauung vom Wandern der Elektronen zwischen den Körpermolekülen hindurch scheint nur auf den ersten Augenblick frappant. Haben wir doch in den Kathodenstrahlen und insbesondere in den β-Strahlen Elektronen kennen gelernt, welche ohne Mühe Metalle in erheblichen

Dicken zu durchdringen vermögen. Nach allem, was hier über Elektronen gesagt worden ist, dürfte es im übrigen nicht verwunderlich erscheinen, daß man im festen Leiter oder besser im sog. Leiter erster Klasse nur ein Fließen negativer Elektrizität annimmt.

Es wäre nun noch die ganze Reihe der Beziehungen zwischen Elektrizität und Wärme im metallischen Leiter zu besprechen, welche an Hand der Elektronentheorie ihre ungezwungene Erklärung finden. Es seien hier nur kurz die Thermoelektrizität und besonders der Parallelismus zwischen elektrischem und Wärmeleitvermögen genannt. Auf letzterem beruhen dann wieder alle die wechselseitigen Effekte, welche durch ein Magnetfeld auf die Stromlinien der Elektrizität und der Wärme hervorgerufen werden (Hall- und Leduceffekt usw.). Diese Einwirkungen sind besonders stark an dem relativ schlechtleitenden Wismut.

Auf alle diese Erscheinungen kann hier nur in Kürze hingewiesen werden. Sie alle zeigen, daß die Elektronentheorie sich somit gleich fruchtbar erwiesen hat in ihrer Anwendung auf die gasförmigen, flüssigen und festen Körper. Ihre Hypothesen sind von solch überzeugender Einfachheit, daß man sich dem Gedanken nicht entziehen kann, daß den neuen Anschauungen zum mindesten ein gut Stück Wahrheit innewohnt. Und zuguterletzt bemißt sich der Wert einer Theorie nicht sowohl nach ihren Voraussetzungen, als auch nach ihrer Leistungsfähigkeit und Fruchtbarkeit.

In vorliegenden Ausführungen habe ich in Kürze zu zeigen versucht, daß die Elektronentheorie beide Vorzüge in hohem Maße besitzt. Die Vorstellungen über Materie, die ihr zugrunde liegen, bedeuten daher ohne Frage einen wesentlichen Fortschritt in unserer Erkenntnis. Unsere Anschauungen beschränken sich jedoch nicht nur auf die Konstitution der Materie, sondern haben sich im letzten Dezennium nicht unwesentlich auch über die Entwicklung der Materie ausgedehnt.

Es sind die mannigfachen, merkwürdigen Eigenschaften der radioaktiven Körper, welche es nahe gelegt haben, daß die Atome nicht unveränderlich, sondern einem fortwährenden Zerfall unterworfen sind. Es ist zu bemerken, daß diese sog. Zerfallstheorie (Desintegrationstheorie) unabhängig von der Elektronentheorie dargestellt werden kann. Die Atomzerfallstheorie lehrt nur, daß die Radioaktivität mit einer Umwandlung von schweren Atomen in leichtere verbunden ist. Durch Aussenden von Becquerelstrahlen kennzeichnen sich zwar vornehmlich die schweren Atome, es sprechen jedoch auch Tatsachen dafür, daß die Radioaktivität eine allgemeine Eigenschaft der Materie ist. Diese ist beim einen Element stärker, beim andern schwächer ausgeprägt, je nachdem es rascher oder langsamer zerfällt. Bei diesem Zerfall werden erhebliche Energiemengen frei und kommen als Strahlung und Wärme zum Vorschein. Man hat anzunehmen, daß die Atome infolge ihrer Konstitution bedeutende latente Energie besitzen. Näheres über die Ursache des Zerfalles ist heute noch nicht bekannt. Man hat sich wohl die Vorstellung von einer Art instabilem Zustand der Atome gemacht und auch wohl versucht, Atommodelle zu konstruieren, an welchen die Radioaktivität sich demonstrieren ließ (J. J. Thomson), allein der Mechanismus des Vorganges ist uns noch immer verborgen.

Man nimmt an, daß das Alter der Atome desselben Elementes verschieden ist. Haben wir eine radioaktive Substanz vor uns, so zerfällt das eine Atom in der ersten Sekunde, ein anderes nach Jahren, wieder ein anderes wird uns alle überleben. Vom chemischen Standpunkt aus sind die Atome nicht voneinander verschieden, wohl aber vom physikalischen. Man muß annehmen, daß die Atome in rascher und unregelmäßiger innerer Bewegung sind, und daß das eine jetzt, das andere später in diejenige Lage kommt, welche seinen Zerfall herbeiruft. Man kann eine ähnliche Betrachtung anstellen, wie sie in der kinetischen Gastheorie über die Zusammenstöße der Moleküle gemacht wird. Dort wie hier herrschen die Gesetze der Wahrscheinlichkeit (Statistik), wobei die Eigenschaften des radioaktiven Körpers bzw. des Gases als Durchschnittseigenschaften erscheinen. Die Vorstellungen im einzelnen sind jedoch zu hypothetisch, als daß es sich lohnte, diese weiter auszuführen.

Im großen und ganzen sehen wir, daß die Materie kein Unveränderliches ist, sondern sich von Stufe zu Stufe spontan abbaut. Alles ist dem Zerfall unterworfen, alle Veränderung geht in einem Sinn vor sich. Es scheint also, daß die Bestimmung aller Materie ihre Auflösung in den Urstoff ist. Dieser einseitige Entwicklungsprozeß hat große Ähnlichkeit mit den Forderungen des zweiten Hauptsatzes der Wärmelehre, welcher ebenfalls ein Abspielen der Naturvorgänge in stets demselben Sinne lehrt. Danach würden sämtliche Vorgänge so verlaufen, daß alle Wärme schließlich dieselbe Temperatur hätte. Damit würde dann jeder mechanische Vorgang verschwinden, jedes Leben würde aufhören. Ebenso scheint die Atomzerfallstheorie darauf hinzuweisen, daß auch die inneren Veränderungen der Materie mit dem schließlichen Gleichwerden alles Stoffes enden werden. Es wäre zwar immerhin noch denkbar, daß vielleicht auch ein Entwicklungsprozeß im entgegengesetzten Sinn existiert, uns aber nicht bekannt ist. Über die Möglichkeit des Aufbaues der Materie können wir erst dann etwas zu erfahren hoffen, wenn uns die Bedingungen ihres Zerfalles näher bekannt sein werden.

Vielleicht gibt es Perioden, die besonders durch das Werden, andere, die durch das Vergehen der vielgestaltigen Materie ausgezeichnet sind. Die Annahme der beiderseitigen Entwicklungsprozesse dürfte jedenfalls dem Gedanken von der Ewigkeit alles Geschehens besser entsprechen. Wen wird eine solche Anschauung nicht an die Weltbildungsideen eines Heraklit erinnern? Alte Ideen in neuem Lichte! Auch unsere heutigen Vorstellungen werden zweifellos nicht bestehen bleiben. Dies zu behaupten wäre anmaßend; aber auch sie werden nicht vergehen. Denn wir haben allen Grund zur Annahme, daß sie ein gut Teil Wahrheit enthalten, und somit auch der künftigen, rastlos weiterschreitenden Erkenntnis als fördernde Stütze dienen werden.

Gedruckt bei Oscar Brandstetter in Leipzig.

FSC
www.fsc.org
MIX
Papier | Fördert gute Waldnutzung
FSC® C083411

Zeitfracht Medien GmbH
Ferdinand-Jühlke-Straße 7
99095 Erfurt, Deutschland
produktsicherheit@kolibri360.de